D. J. PANOW

FORMELSAMMLUNG ZUR NUMERISCHEN BEHANDLUNG PARTIELLER DIFFERENTIALGLEICHUNGEN NACH DEM DIFFERENZENVERFAHREN

D. J. PANOW

FORMELSAMMLUNG ZUR NUMERISCHEN BEHANDLUNG PARTIELLER DIFFERENTIALGLEICHUNGEN NACH DEM DIFFERENZENVERFAHREN

1955

AKADEMIE-VERLAG · BERLIN

Д. Ю. Панов
Справчник по численному решению дифференциальных уравнений в частных ироизводных

Erschienen im Staatsverlag für technisch-theoretische Literatur der UdSSR
Moskau-Leningrad 1951

Übersetzt aus dem Russischen von Dr.-Ing. Karl Borkmann †
und Dr. Werner Schulz

Wissenschaftliche Redaktion: Dr.-Ing. Weigand, Deutsche Akademie der Wissenschaften zu Berlin, Forschungsinstitut für Mathematik, Abt. Angewandte Mathematik

Erschienen im Akademie-Verlag Berlin W 8, Mohrenstraße 39
Lizenz-Nr. 202 · Druckgenehmigung 100/403/55

Satz und Druck: Druckhaus „Maxim Gorki", Altenburg
Bestell- und Verlagsnummer: 5170
Printed in Germany

INHALTSVERZEICHNIS

VORBEMERKUNG

Die vorliegende 5. Auflage des Buches von Prof. D. J. PANOW enthält keine Veränderung gegenüber der 4. Auflage.

In diesem Buche sind die wichtigsten praktischen Verfahren zur Lösung der LAPLACEschen und der POISSONschen Differentialgleichung gesammelt, wobei diese Methoden durch konkrete Beispiele veranschaulicht werden. Ähnliche Methoden werden auch zur Lösung der biharmonischen Gleichung, der Wärmeleitungs-, Wellen- und Telegraphengleichung benutzt.

Ferner wird die angenäherte Lösung von Differentialgleichungssystemen hyperbolischen Typs nach dem Charakteristikenverfahren untersucht.

Die Formelsammlung ist so abgefaßt, daß sie ein überaus weiter Kreis wissenschaftlicher Arbeiter benutzen kann.

VORWORT

Zahlreiche Probleme der modernen theoretischen Technik lassen sich auf die Lösung von Randwertaufgaben partieller Differentialgleichungen zurückführen. Indessen bietet die effektive Lösung solcher Aufgaben große Schwierigkeiten, und die Wissenschaft kennt bis heute kein Lösungsverfahren, das den Anforderungen der Ingenieure vollkommen gerecht würde. Die analytischen Verfahren, die zwar von theoretischer Seite her prächtig ausgearbeitet sind, erweisen sich für die Praxis sehr wenig brauchbar wegen der außerordentlichen Kompliziertheit der Berechnungen, zu denen sie in solchen Aufgaben führen, die praktische Bedeutung haben. Außerdem können in vielen Fällen diese Verfahren überhaupt nicht benutzt werden, weil der Rand des Gebietes, die Randwerte der gesuchten Funktion u. a. m. sehr oft nicht durch irgendwelche geeignete analytische Ausdrücke gegeben sind. In allen solchen Fällen ist der Forscher gezwungen, zu Verfahren der angenäherten Lösung der Randwertaufgaben überzugehen, und diese Verfahren erobern sich in letzter Zeit immer mehr einen bedeutenden Platz sowohl in der technischen als auch in der mathematischen Literatur, soweit sie angewandte Fragen betrifft.

Die Verfahren der angenäherten Lösung von Randwertaufgaben partieller Differentialgleichungen können in zwei große Gruppen unterteilt werden:

a) Verfahren, die einen angenäherten analytischen Ausdruck für die gesuchte Funktion liefern;

b) numerische oder graphische Verfahren, bei deren Benutzung man Zahlenwerte für diese oder jene Argumente, jedoch keinen analytischen Ausdruck der gesuchten Funktion erhält.

Zu den Methoden der ersten Gruppe zählt das unter Ingenieuren überaus populäre RITZsche Verfahren, das GALERKINsche Verfahren sowie eine Reihe von Verfahren, die ihrer Idee nach dem RITZschen Verfahren verwandt sind und von L. W. KANTOROWITSCH [7][1]) vorgeschlagen wurden, und andere.

Zu der zweiten Gruppe zählt in erster Reihe das Differenzverfahren, dem hauptsächlich auch diese Formelsammlung gewidmet ist, aber auch eine Reihe graphischer Methoden (Runge u. a.).

Die Verfahren der ersten Gruppe können sich oft als sehr zweckmäßig erweisen; allerdings ist die Klasse der Aufgaben, bei denen sie benutzt werden können, überaus

[1]) In eckigen Klammern stehen Hinweise auf das Schrifttum, das auf S. 131 beigefügt ist.

begrenzt wegen der Notwendigkeit, analytische Ausdrücke für die Gleichungen des Randes, der Randwerte u. ä. zu benutzen.

Die Verfahren der zweiten Gruppe haben universelleren Charakter. Hier braucht man fast keine Beschränkung wegen der Bedingungen der Aufgaben, wie sie in der Praxis auftreten, einzuführen, und darin liegt ihr Hauptwert. Leider sind diese Verfahren, die in allerletzter Zeit entstanden sind (in den letzten 30 Jahren), bis heute den Ingenieuren noch wenig bekannt. In der vorliegenden Formelsammlung versuchen wir das verschiedenartige Material über die praktische Anwendung dieser Verfahren zu sammeln sowie es in bestimmter Weise zu systematisieren. Da das Gebiet der angewandten Mathematik, das wir hier betrachten, noch sehr jung und für viele neuartig ist, erlauben wir uns, die traditionelle Form einer Formelsammlung nach der Seite hin zu erweitern, daß wir die Formeln etwas erläutern und Zahlenbeispiele beifügen. Somit stellt dieses Buch ungefähr ein Mittelding zwischen einer eigentlichen Formelsammlung und einem praktischen Lehrbuch für die numerische Lösung partieller Differentialgleichungen dar.

Den Hauptteil der Formelsammlung bildet die Lösung von Randwertaufgaben der LAPLACEschen Differentialgleichung. Ein derartiger Aufbau des Buches ist unserer Meinung nach durch folgendes gerechtfertigt:

1. Die Lösung von Randwertaufgaben der LAPLACEschen Differentialgleichung ist eines der besonders wichtigen Probleme der angewandten Mathematik.

2. Die Lösung dieser Aufgaben erfordert verhältnismäßig mehr Arbeit als zum Beispiel die Lösung von Differentialgleichungen des parabolischen oder hyperbolischen Typs.

3. Bei der Lösung von Randwertaufgaben der LAPLACEschen Differentialgleichung heben sich die wesentlichen Merkmale des Differenzenverfahrens besonders klar heraus.

Die erste Auflage dieses Buches erschien im Jahre 1938 in sehr beschränkter Auflage; im Jahre 1943 wurde das Buch ohne Änderung neu herausgegeben. Die vorliegende dritte Auflage enthält eine Reihe von Ergänzungen, im besonderen zur Frage der Lösung hyperbolischer Gleichungen nach dem Charakteristikenverfahren.

Indem der Verfasser damit rechnet, daß die geleistete Arbeit noch weit von der Vollkommenheit entfernt ist (einer der Gründe dafür ist die Neuheit der Aufgabe), wird er für alle Hinweise auf Mängel dieses Buches sehr dankbar sein und bittet, diese an den Verlag zu richten unter der Anschrift: Moskau, Orlikow-Gasse 3, Prof. D. J. PANOW.

I. EINFÜHRUNG

1. Das Differenzenverfahren zur Lösung von Differentialgleichungen

Das Wesen des Differenzenverfahrens zur Lösung von Differentialgleichungen besteht darin, daß man statt einer Differentialgleichung eine ihr entsprechende Gleichung mit endlichen Differenzen löst, die gewonnen wird, indem man die Ableitungen durch Differenzenausdrücke mit größerer oder geringerer Genauigkeitsstufe ersetzt. So entspricht zum Beispiel der LAPLACEschen Differentialgleichung

$$\frac{\partial^2 u}{\partial x^2} + \frac{\partial^2 u}{\partial y^2} = 0 \tag{1}$$

die Differenzengleichung

$$u_{xx} + u_{yy} = 0, \tag{2}$$

worin mit u_{xx} und u_{yy} die zweiten Differenzen nach x und y bezeichnet werden:

$$\left.\begin{aligned} u_{xx} &= \frac{1}{h^2}\left[u(x+h, y) - 2u(x, y) + u(x-h, y)\right], \\ u_{yy} &= \frac{1}{h^2}\left[u(x, y+h) - 2u(x, y) + u(x, y-h)\right]. \end{aligned}\right\} \tag{3}$$

Wenn man für die Ableitungen genauere Ausdrücke benutzt, als sie durch die Formeln (3) gegeben werden, so wird die Differenzengleichung (2) komplizierter.

Wichtig ist, noch zu erwähnen, daß man beim Ersetzen der Differentialgleichung zu einer Differenzengleichung gelangt, die die Werte der gesuchten Funktion nur in einzelnen, diskret verteilten Punkten verbindet. Die Punkte wählt man gewöhnlich so, daß sie ein quadratisches Netz bilden.

Das Differenzenverfahren ist im besonderen geeignet für die Lösung von Randwertaufgaben, zum Beispiel für die Aufgabe, eine Funktion zu ermitteln, die im Innern eines gegebenen Gebietes G der LAPLACEschen Gleichung genügt und auf dem Rand des Gebietes gegebene Werte besitzt; mit solchen Aufgaben hat man es beim Aufsuchen der stationären Temperaturverteilung in einem ebenen Gebiet zu tun, wenn die Temperatur am Rande des Gebietes bekannt ist, beim Aufsuchen der Spannung in einem tordierten prismatischen Stabe u. a. m. In diesem Falle verfährt man folgendermaßen:

Nachdem man eine bestimmte Zahl h (Schritt- oder Maschenweite) gegeben hat, konstruiert man in der x,y-Ebene (Abb. 1) ein Netz, das das Gebiet G überdeckt und aus zwei Systemen aufeinander senkrechter Geraden besteht, die untereinander den Abstand h haben. In dieses Netz zeichnet man einen Rand ein, der möglichst gut den Rand des gegebenen Gebietes annähert. Dieser Rand begrenzt ein neues Gebiet $\overline{G}$ (Netzgebiet). Die Grenzwerte, gegeben auf dem Rand Γ des Gebietes G, werden nach irgendeinem Verfahren auf den Rand $\overline{\Gamma}$ des Gebietes $\overline{G}$ übertragen. Nach dieser Operation kann man statt der Randwertaufgabe der Differentialgleichung für das Gebiet G die ihr entsprechende Randwertaufgabe der Differenzengleichung für das Gebiet $\overline{G}$ lösen. Wie schon gesagt, verbindet die Differenzengleichung nur die Werte der gesuchten Funktion in den Netzpunkten; auf deren Ermittlung läuft die ganze Aufgabe hinaus.

Wenn man die Differenzenausdrücke, die in Formel (3) gegeben sind, in Gleichung (2) einsetzt, so erhält man die Gleichung:

$$u(x+h, y) + u(x-h, y) + u(x, y+h) + u(x, y-h) - 4u(x, y) = 0. \qquad (4)$$

Eine solche Gleichung muß für jeden Punkt (x, y) im Innern des Gebietes $\overline{G}$ erfüllt werden. Gibt es N solcher Punkte, so erhält man, wenn man für jeden von ihnen eine solche Gleichung angeschrieben hat, N Gleichungen mit N Unbekannten (den Werten der Funktion u in den betrachteten Punkten). War die Ausgangsdifferentialgleichung linear, dann wird auch dieses System aus linearen Gleichungen bestehen. Einige dieser Gleichungen werden homogen sein (für solche Punkte, unter deren Nachbarpunkten sich keine Randpunkte befinden), einige inhomogen (für Punkte nahe am Rande des Gebietes $\overline{G}$, auf dem die Werte der gesuchten Funktion von vornherein gegeben sind). Somit ist die Lösung einer Randwertaufgabe nach dem Differenzenverfahren einfach auf die Lösung eines Systems linearer Gleichungen zurückgeführt, allerdings mit einer gewaltigen Zahl von Unbekannten (oft einigen Hundert). Die Lösung eines solchen Systems wird nur dann möglich sein, wenn es aus außerordentlich einfachen Gleichungen besteht, zum Beispiel solchen wie Gleichung (4). In diesem Fall kann man die Lösung mit Hilfe des Iterationsverfahrens durchführen.

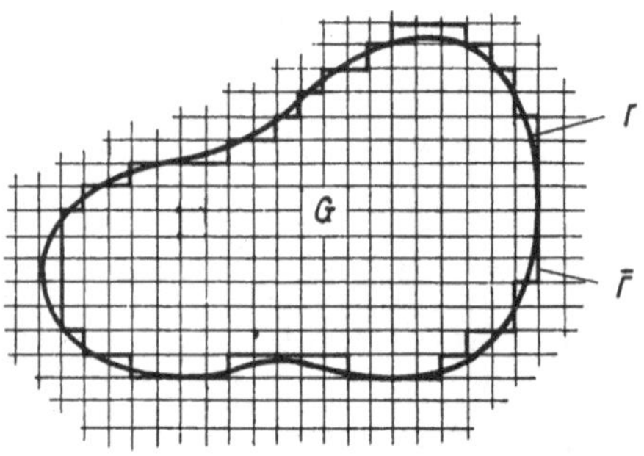

Abb. 1

2. Lösung der Differenzengleichungen nach dem Iterationsverfahren

Um die Differenzengleichung, die die Ausgangsdifferentialgleichung ersetzt, zu lösen, oder was dasselbe ist, um jenes System linearer Gleichungen aufzulösen, das der zu betrachtenden Differenzengleichung äquivalent ist, wendet man eine Iterationsmethode an. Es soll zum Beispiel die Gleichung (2) oder die ihr äquivalente Gleichung (4) gelöst werden unter der Voraussetzung, daß die Werte der gesuchten Funktion auf dem Rande des Gebietes $\bar{G}$ gegeben sind. Gleichung (4) kann man in die Form

$$u(x, y) = \frac{u(x+h, y) + u(x-h, y) + u(x, y+h) + u(x, y-h)}{4}$$

umschreiben und eine solche Funktion suchen, die auf dem Rande des Gebietes gegebene Werte annimmt und in jedem inneren Punkte gleich dem arithmetischen Mittelwert ihrer vier Nachbarpunkte ist. Wir geben in allen inneren Punkten des Gebietes $\bar{G}$ willkürliche Werte vor und nennen dieses Wertesystem das System Nr. 1. Wir bilden in allen inneren Punkten die arithmetischen Mittel der Nachbarwerte des Systems Nr. 1 und nennen das neue Wertesystem System Nr. 2 (die Randwerte bleiben immer unverändert gleich den gegebenen; sie sind im System Nr. 1 und im System Nr. 2 einander gleich). Aus dem System Nr. 2 wird in genau derselben Weise das System Nr. 3 gebildet usw. Der Iterationsprozeß ist beendet, wenn in den Grenzen der gegebenen Genauigkeit das System Nr. $n + 1$ mit dem System Nr. n zusammenfällt. Offensichtlich gibt dann das System Nr. n solche Werte, die im Innern des Gebietes $\bar{G}$ der Gleichung (4) genügen und auf dem Rande dieses Gebietes gleich den gegebenen sind, d. h. dieses System stellt die Lösung der Aufgabe dar. Man kann zeigen, daß der beschriebene Prozeß tatsächlich konvergiert [20].

II. ALLGEMEINER TEIL

Differenzen-Schema. Zur bequemeren Niederschrift aufeinanderfolgender Differenzenwerte einer gegebenen Funktion von einer Veränderlichen $f(x)$ bedient man sich eines Schemas (siehe Tabelle 1).

TABELLE 1.

Schema zur Berechnung aufeinanderfolgender Differenzen

k	x	f	f'	f''	f'''	f^{IV}	f^{V}	f^{VI}
-2	x_{-2}	f_{-2}		f''_{-2}		f^{IV}_{-2}		f^{VI}_{-2}
$-3/2$			$f'_{-3/2}$		$f'''_{-3/2}$		$f^{V}_{-3/2}$	
-1	x_{-1}	f_{-1}		f''_{-1}		f^{IV}_{-1}		f^{VI}_{-1}
$-1/2$			$f'_{-1/2}$		$f'''_{-1/2}$		$f^{V}_{-1/2}$	
0	x_0	f_0		f''_0		f^{IV}_0		f^{VI}_0
$+1/2$			$f'_{1/2}$		$f'''_{1/2}$		$f^{V}_{1/2}$	
$+1$	x_1	f_1		f''_1		f^{IV}_1		f^{VI}_1
$+3/2$			$f'_{3/2}$		$f'''_{3/2}$		$f^{V}_{3/2}$	
$+2$	x_2	f_2		f''_2		f^{IV}_2		f^{VI}_2
$+5/2$			$f'_{5/2}$		$f'''_{5/2}$		$f^{V}_{5/2}$	

Jede Differenz in dieser Tabelle erhält man durch Subtraktion der vorhergehenden Zahl einer gegebenen Spalte von der nachfolgenden, wobei derjenige Index dazugeschrieben wird, der gleich dem Mittelwert der Indizes jener zwei Zahlen ist, aus denen sie gebildet wird.

Allgemeine Formel zur Berechnung der Differenzen einer Funktion von einer Veränderlichen:

$$f^{(\varkappa)}_{m} - f^{(\varkappa)}_{m-1} = f^{(\varkappa+1)}_{m-1/2}.$$

Für den Fall einer Funktion von zwei Veränderlichen kann kein Differenzenschema in der Ebene aufgebaut werden. Die Bezeichnungsweise ist ähnlich der, die für eine Funktion von einer Veränderlichen angewendet wurde, allerdings muß man hier zwei Paare von Indizes verwenden: zwei obere und zwei untere. Jedes Paar (das obere und das entsprechende untere) bezieht sich auf eine der Veränderlichen ([27], Seite 108).

1. Interpolationsformeln

Zur Berechnung von Zwischenwerten einer Funktion in solchen Fällen, wo ihre Werte nur in einzelnen Punkten bekannt sind, werden Interpolationsformeln verwendet. Bei der Lösung von Differentialgleichungen nach dem Differenzenverfahren hat man es gerade mit Werten der Funktion in einzelnen Punkten (in den Gitterpunkten des Netzes) zu tun; es ist daher natürlich, daß sich die Inter-

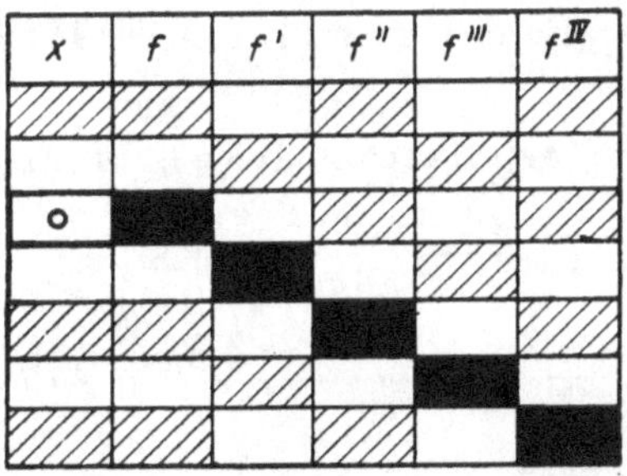

Abb. 2

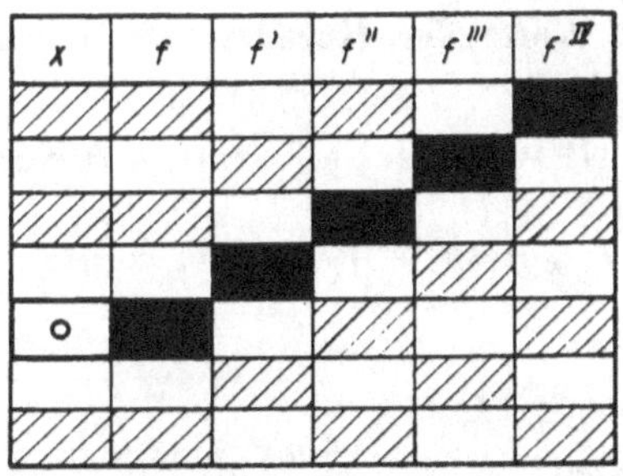

Abb. 3

polationsformeln als ein wichtiges Hilfsmittel bei der Lösung der Aufgabe nach dieser Methode erweisen. Insbesondere müssen beim Übertragen der Randwerte vom wirklichen Rand des Gebietes auf den angenäherten Netzrand Interpolationsformeln verwendet werden.

Unten werden einige Ausführungen über Interpolationsformeln sowie das notwendige Formelmaterial gebracht.

Zu jeder Formel ist ein Schema der in sie eingehenden Differenzen beigefügt (Abb. 2, 3, 4 und 5). Das Schema erscheint als ein Netz, in dem die Plätze für die Differenzen gestrichelt und die Differenzen, die in die Formel eingehen, schwarz angelegt sind. Der Wert x_0 ist durch einen Kreis hervorgehoben. Mit h bezeichnen wir den konstanten Abstand zwischen den Werten x, für die die Werte $f(x)$ gegeben sind.

Die Veränderliche t, die in allen unten behandelten Formeln auftritt, ist mit x durch die Beziehung

$$x = x_0 + th$$

oder

$$t = \frac{x - x_0}{h}$$

verknüpft. Es ist offensichtlich, daß den Werten $x = x_0, x_0 + h, x_0 + 2h, \ldots$ die Werte $t = 0, 1, 2, \ldots$ entsprechen.

A. NEWTONsche Formel für die Interpolation vorwärts (Abb. 2)

$$f(x_0 + th) = f_0 + t f'_{1/2} + \frac{t(t-1)}{2!} f''_1 + \frac{t(t-1)(t-2)}{3!} f'''_{3/2} + \cdots$$
$$\cdots + \frac{t(t-1)(t-2)(\ldots(t-n+1)}{n!} f^{(n)}_{n/2} + R_n.$$

Restglied: $R_n = \binom{t}{n+1} h^{n+1} f^{n+1}(x_0 + \tau h) =$

$$= \frac{t(t-1)(t-2)\ldots(t-n)}{(n+1)!} h^{n+1} f^{(n+1)}(x_0 + \tau h); \quad (0 \leqq \tau \leqq n)^{1)}.$$

Es wird vorausgesetzt, daß die Formel zur **Interpolation** benutzt wird, d. h. es ist $0 \leqq t \leqq n$.

Die **Werte der Koeffizienten** für diese Formel sind in Tabelle 2 (Seite 7) angegeben.

B. NEWTONsche Formeln für die Interpolation rückwärts (Abb. 3)

$$f(x_0 + th) = f_0 + t f'_{-1/2} + \frac{t(t+1)}{2!} f''_{-1} + \frac{t(t+1)(t+2)}{3!} f'''_{-3/2} + \cdots$$
$$\cdots + \frac{t(t+1)(t+2)\ldots(t+n-1)}{n!} f^{(n)}_{-n/2} + R_n.$$

Restglied: $R_n = \binom{t+n}{n+1} h^{n+1} f^{(n+1)}(x_0 + \tau h) =$

$$= \frac{t(t+1)(t+2)\ldots(t+n)}{(n+1)!} h^{n+1} f^{(n+1)}(x_0 + \tau h); \quad (0 \leqq \tau \leqq n).$$

(Es wird $0 \leqq t \leqq n$ vorausgesetzt.)

Die **Werte der Koeffizienten** für diese Formel kann man aus der Tabelle 2 erhalten; denn wenn man in den Ausdrücken der Koeffizienten der NEWTONschen Formel für Interpolation vorwärts t durch $-t$ ersetzt, erhält man mit den entsprechenden Vorzeichen die Koeffizienten der NEWTONschen Formel für Interpolation rückwärts. Diese Formel wird daher besonders häufig für negative Werte von t benutzt.

C. STIRLINGsche Formel (Bild 4)

$$f(x_0 + th) = f_0 + t f'_0 + \frac{t^2}{2!} f''_0 + \frac{t(t^2-1)}{3!} f'''_0 + \frac{t^2(t^2-1)}{4!} f^{IV}_0 +$$
$$+ \frac{t(t^2-1)(t^2-4)}{5!} f^{V}_0 + \frac{t^2(t^2-1)(t^2-4)}{6!} f^{VI}_0 + \cdots$$

1) Durch n wird hier und weiterhin die Ordnung der letzten Differenz bezeichnet, die in der Interpolationsformel noch vorkommt.

TABELLE 2.
Koeffizienten der NEWTONschen Interpolationsformel

t	$\frac{t(t-1)}{2!}$	$\frac{t(t-1)(t-2)}{3!}$	$\frac{t(t-1)(t-2)(t-3)}{4!}$
0,00	—0,00000	+0,0000	—0,0000
01	00495	0033	0024
02	00980	0065	0048
03	01455	0096	0071
04	01920	0125	0093
0,05	—0,02375	+0,0154	—0,0114
06	02820	0182	0134
07	03255	0209	0153
08	03680	0236	0172
09	04095	0261	0190
0,10	—0,04500	+0,0285	—0,0207
11	04895	0308	0223
12	05280	0331	0238
13	05655	0352	0253
14	06020	0373	0267
0,15	—0,06375	+0,0393	—0,0280
16	06720	0412	0293
17	07055	0430	0304
18	07380	0448	0316
19	07695	0464	0326
0,20	—0,08000	+0,0480	—0,0336
21	08295	0495	0345
22	08580	0509	0354
23	08855	0522	0362
24	09120	0535	0369
0,25	—0,09375	+0,0547	—0,0376
26	09620	0558	0382
27	09855	0568	0388
28	10080	0578	0393
29	10295	0587	0398
0,30	—0,10500	+0,0595	—0,0402
31	10695	0602	0405
32	10880	0609	0408
33	11055	0615	0411
34	11220	0621	0413
0,35	—0,11375	+0,0626	—0,0415
36	11520	0630	0416
37	11655	0633	0416
38	11780	0636	0417
39	11895	0638	0416
0,40	—0,12000	+0,0640	—0,0416
41	12095	0641	0415
42	12180	0641	0414
43	12255	0641	0412
44	12320	0641	0410

Fortsetzung der Tabelle 2

t	$\frac{t(t-1)}{2!}$	$\frac{t(t-1)(t-2)}{3!}$	$\frac{t(t-1)(t-2)(t-3)}{4!}$
0,45	—0,12375	+0,0639	—0,0408
46	12420	0638	0405
47	12455	0635	0402
48	12480	0632	0398
49	12496	0629	0395
0,50	—0,12500	+0,0625	—0,0391
51	12495	0621	0386
52	12480	0616	0382
53	12455	0610	0377
54	12420	0604	0372
0,55	—0,12375	+0,0598	—0,0366
56	12320	0591	0361
57	12255	0584	0355
58	12180	0576	0349
59	12095	0568	0342
0,60	—0,12000	+0,0560	—0,0336
61	11895	0551	0392
62	11780	0542	0322
63	11655	0532	0315
64	11520	0522	0308
0,65	—0,11375	+0,0512	—0,0301
66	11220	0501	0293
67	11055	0490	0285
68	10880	0479	0278
69	10695	0467	0270
0,70	—0,10500	+0,0455	—0,0262
71	10295	0443	0253
72	10080	0430	0245
73	09855	0417	0237
74	09620	0404	0228
0,75	—0,09375	+0,0391	—0,0220
76	09120	0377	0211
77	08855	0363	0202
78	08580	0349	0194
79	08295	0335	0185
0,80	—0,08000	+0,0320	—0,0176
81	07695	0305	0167
82	07380	0290	0158
83	07055	0275	0149
84	06720	0260	0140
0,85	—0,06375	+0,0244	—0,0131
86	06020	0229	0122
87	05655	0213	0113
88	05280	0197	0104
89	04895	0181	0095

Fortsetzung der Tabelle 2

t	$\frac{t(t-1)}{2!}$	$\frac{t(t-1)(t-2)}{3!}$	$\frac{t(t-1)(t-2)(t-3)}{4!}$
0,90	—0,04500	+0,0165	—0,0087
91	04095	0149	0078
92	03680	0132	0069
93	03255	0116	0060
94	02820	0100	0051
0,95	—0,02375	+0,0083	—0,0043
96	01920	0067	0034
97	01455	0050	0025
98	00980	0033	0017
99	00495	0017	0008
1,00	—0,00000	+0,0000	—0,0000

Hier werden die ungeraden Differenzen mit ganzem Index verwandt; man muß sie als **halbe Summe** der benachbarten Differenzen derselben Ordnung betrachten:

$$f'_0 = \frac{1}{2}[f'_{1/2} + f'_{-1/2}]; \quad f'''_0 = \frac{1}{2}[f'''_{1/2} + f'''_{-1/2}].$$

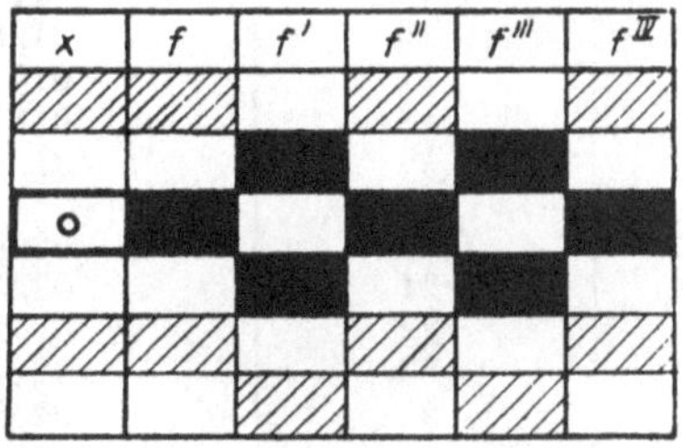

Abb. 4

Restglied:

a) n gerade:

$$R_n = \binom{t + \frac{n}{2}}{n+1} h^{n+1} f^{(n+1)}(x_0 + \tau h) =$$

$$= \frac{t(t^2-1)(t^2-4)\ldots\left(t^2 - \frac{n^2}{4}\right)}{(n+1)!} h^{n+1} f^{(n+1)}(x_0 + \tau h) \quad (0 \leqq \tau \leqq n).$$

b) n ungerade (die STIRLINGsche Formel in diesem Falle anzuwenden, ist unvorteilhaft):

$$R_n = \frac{h^{n+1}}{2}\left[\binom{t + \frac{n-1}{2}}{n+1} f^{(n+1)}(x_0 + \tau_1 h) + \binom{t + \frac{n+1}{2}}{n+1} f^{(n+1)}(x_0 + \tau_2 h)\right]$$

$$\begin{pmatrix} 0 \leqq \tau_1 \leqq n, \\ 0 \leqq \tau_2 \leqq n \end{pmatrix}.$$

(Es wird $0 \leqq t \leqq n$ vorausgesetzt.)

Die **Werte der Koeffizienten** für diese Formel sind in Tabelle 3 angegeben.

TABELLE 3.

Koeffizienten der STIRLINGschen Interpolationsformel

t	$\frac{t^2}{2!}$	$\frac{t(t^2-1)}{3!}$	$\frac{t^2(t^2-1)}{4!}$
0,00	+0,00000	—0,0000	—0,0000
01	00005	0017	0000
02	00020	0033	0000
03	00045	0050	0000
04	00080	0067	0001
0,05	+0,00125	—0,0083	—0,0001
06	00180	0100	0001
07	00245	0116	0002
08	00320	0133	0003
09	00405	0149	0003
0,10	+0,00500	—0,0165	—0,0004
11	00605	0181	0005
12	00720	0197	0006
13	00845	0213	0007
14	00980	0229	0008
0,15	+0,01125	—0,0244	—0,0009
16	01280	0260	0010
17	01445	0275	0012
18	01620	0290	0013
19	01805	0305	0014
0,20	+0,02000	—0,0320	—0,0016
21	02205	0335	0018
22	02420	0349	0019
23	02645	0363	0021
24	02880	0377	0023
0,25	+0,03125	—0,0391	—0,0024
26	03380	0,404	0026
27	03645	0417	0028
28	03920	0430	0030
29	04205	0443	0032
0,30	+0,04500	—0,0455	—0,0034
31	04805	0467	0036
32	05120	0479	0038
33	04554	0490	0040
34	05780	0501	0043
0,35	+0,06125	—0,0412	—0,0045
36	06480	0522	0047
37	06845	0532	0049
38	07220	0542	0051
39	07605	0551	0054
0,40	+0,08000	—0,0560	—0,0056
41	08405	0568	0058
42	08820	0576	0060
43	09245	0584	0063
44	09680	0591	0065

Fortsetzung der Tabelle 3

t	$\frac{t^2}{2!}$	$\frac{t(t^2-1)}{3!}$	$\frac{t^2(t^2-1)}{4!}$
0,45	+0,10125	−0,0598	−0,0067
46	10580	0604	0069
47	11045	0610	0072
48	11520	0616	0074
49	12005	0621	0076
0,50	+0,12500	−0,0625	−0,0078

D. BESSELsche Formel (Abb. 5)

$$f(x_0+th) = f_{1/2} + \left(t-\frac{1}{2}\right) f'_{1/2} + \frac{t(t-1)}{2!} f''_{1/2} + \frac{t(t-1)\left(t-\frac{1}{2}\right)}{3!} f'''_{1/2} +$$

$$+ \frac{t(t-2)(t^2-1)}{4!} f^{IV}_{1/2} + \frac{t(t-2)(t^2-1)\left(t-\frac{1}{2}\right)}{5!} f^{V}_{1/2} + \frac{t(t-3)(t^2-4)(t^2-1)}{6!} f^{VI}_{1/2} \ldots$$

Hier werden die geraden Differenzen mit gebrochenem Index verwandt; sie werden als halbe Summe benachbarter Differenzen derselben Ordnung betrachtet.

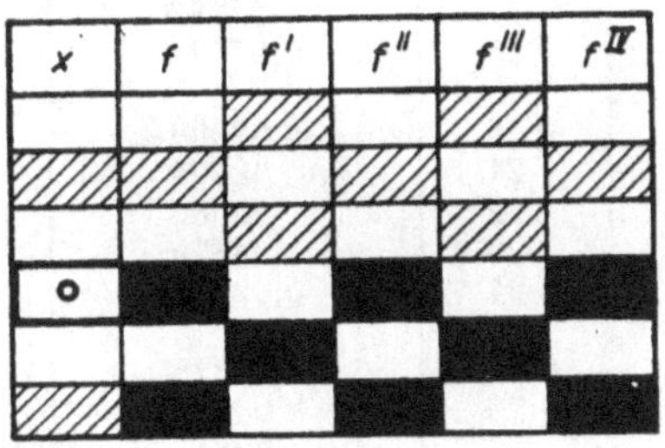

Abb. 5

Restglied:

a) n ungerade:

$$R_n = \binom{t+\frac{n-1}{2}}{n+1} h^{n+1} f^{(n+1)}(x_0+\tau h) =$$

$$= \frac{t\left(t-\frac{n+1}{2}\right)(t^2-1)(t^2-4)\ldots\left(t^2-\frac{(n-1)^2}{4}\right)}{(n+1)!} h^{n+1} f^{(n+1)}(x_0+\tau h)$$

$$(0 \leqq \tau \leqq n).$$

b) n gerade (die BESSELsche Formel in diesem Falle anzuwenden, ist unvorteilhaft):

$$R_n = \frac{h^{n+1}}{2}\left[\binom{t+\frac{n}{2}}{n+1} f^{(n+1)}(x_0+\tau_1 h) + \binom{t+\frac{n-2}{2}}{n+1} f^{(n+1)}(x_0+\tau_2 h)\right]$$

(Es wird $0 \leqq t \leqq n$ vorausgesetzt.) $\begin{pmatrix} 0 \leqq \tau_1 \leqq n, \\ 0 \leqq \tau_2 \leqq n \end{pmatrix}$.

Die Werte der Koeffizienten für diese Formel sind in Tabelle 4[1]) angegeben.

[1]) In dieser Tabelle sind zur Platzersparnis die Argumente in zwei Spalten gegeben. Die Vorzeichen, die bei den Funktionswerten angebracht sind, entsprechen: das linke der linken Spalte der Argumente, das rechte der rechten.

TABELLE 4.

Koeffizienten der BESSEL*schen Interpolationsformel*

t	$\frac{t(t-1)}{2!}$	$\frac{t(t-1)(t-\frac{1}{2})}{3!}$	$\frac{t(t-2)(t^2-1)}{4!}$	t
0,00	—0,00000—	+0,0000—	+0,0000+	1,00
01	00495	0008	0008	99
02	00980	0016	0016	98
03	01455	0023	0025	97
04	—0,01920—	+0,0029—	+0,0033+	96
0,05	—0,02375—	+0,0036—	+0,0041+	0,95
06	02820	0041	0048	94
07	03255	0047	0056	93
08	03680	0052	0064	92
09	—0,04095—	+0,0056—	+0,0071+	91
0,10	—0,04500—	+0,0060—	+0,0078+	0,90
11	04895	0064	0086	89
12	05280	0067	0093	88
13	05655	0070	0100	87
14	—0,06020—	+0,0072—	+0,0106+	86
0,15	—0,06375—	+0,0074—	+0,0113+	0,85
16	06720	0076	0120	84
17	07055	0078	0126	83
18	07380	0079	0132	82
19	—0,07695—	+0,0080—	+0,0138+	81
0,20	—0,08000—	+0,0080—	+0,0144+	0,80
21	08295	0080	0150	79
22	08580	0080	0155	78
23	08855	0080	0161	77
24	—0,09120—	+0,0079—	+0,0166+	76
0,25	—0,09375—	+0,0078—	+0,0171+	0,75
26	09620	0077	0176	74
27	09855	0076	0180	73
28	10080	0074	0185	72
29	—0,10295—	+0,0072—	+0,0189+	71
0,30	—0,10500—	+0,0070—	+0,0193+	0,70
31	10695	0068	0197	69
32	10880	0065	0201	68
33	11055	0063	0205	67
34	—0,11220—	+0,0060—	+0,0208+	66
0,35	—0,11375—	+0,0057—	+0,0211+	0,65
36	11520	0054	0214	64
37	11655	0050	0217	63
38	11780	0047	0219	62
39	—0,1189 —	+0,0044—	+0,0222+	61
0,40	—0,12000—	+0,0040—	+0,0224+	0,60
41	12095	0036	0226	59
42	12180	0032	0228	58
43	12255	0029	0229	57
44	—0,12320—	+0,0025—	+0,0231+	56

Fortsetzung der Tabelle 4

t	$\frac{t(t-1)}{2!}$	$\frac{t(t-1)(t-\frac{1}{2})}{3!}$	$\frac{t(t-2)(t^2-1)}{4!}$	t
0,45	—0,12375—	+0,0021—	+0,0232+	0,55
46	12420	0017	0233	54
47	12455	0012	0233	53
48	12480	0008	0234	52
49	—0,12495	+0,0004—	+0,0234+	51
0,50	—0,12500	0,0000	+0,0234+	0,50

E. LAGRANGEsche Formel

Alle bisher gebrachten Formeln benutzen die Differenzen der gegebenen Funktionswerte. In einer Reihe von Fällen ist es angebracht, unmittelbar die gegebenen Werte selbst zu benutzen. Dies kann mit Hilfe der LAGRANGEschen Formel geschehen.

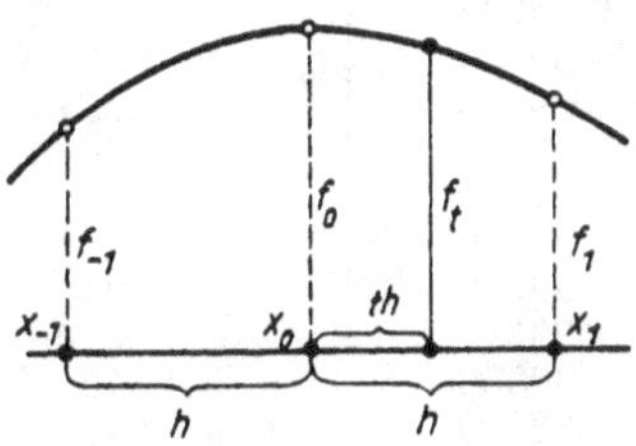

Abb. 6

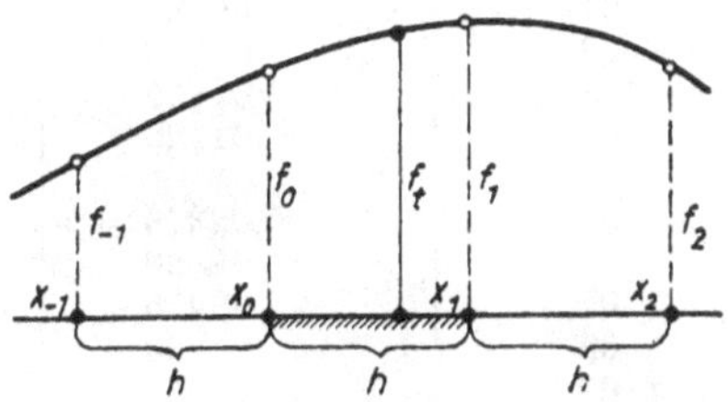

Abb. 7

a) Interpolation nach 3 Punkten. Ein Zwischenwert f_t einer Funktion f, für die die Werte in den Punkten x_0, x_0+h, x_0-h (Abb. 6) bekannt sind, wird nach folgender Formel bestimmt:

$$f(x_0+th) = A_{-1}f_{-1} + A_0f_0 + A_1f_1 \qquad (-1 \leqq t \leqq 1).$$

Die Koeffizienten dieser Formel haben die Gestalt

$$A_k(t) = (-1)^{k+1}\frac{t(t^2-1)}{(1+k)!\,(1-k)!\,(t-k)} \quad (k=0;\ \pm 1).$$

Ihre Werte für t von -1 bis $+1$ für je ein Hundertstel sind in Tabelle 5 (S. 14) gegeben. Zur Platzersparnis werden in dieser Tabelle die Koeffizienten gleichzeitig für positive und negative t gebracht; für positive t gilt die obere Bezeichnung, für negative t die untere.

b) Interpolation nach 4 Punkten. Ein Zwischenwert f_t einer Funktion f, für die die Werte in den Punkten x_0, x_0-h, x_0+h, x_0+2h (Abb. 7) bekannt sind, wird nach folgender Formel bestimmt:

$$f(x_0+th) = A_{-1}f_{-1} + A_0f_0 + A_1f_1 + A_2f_2.$$

Die Werte t werden gewöhnlich von 0 bis 1 genommen, d. h. sie entsprechen den Punkten des Intervalls von x_0 bis $x_1 = x_0 + h$ (in Abb. 7 gestrichelt).

Die Koeffizienten dieser Formel haben die Gestalt

$$A_k(t) = (-1)^{k+2} \frac{t(t^2-1)(t-2)}{(1+k)!(2-k)!(t-k)} \quad (k = 0; \ \pm 1; 2)$$

Ihre Werte für t von 0 bis 1 für je ein Hundertstel sind in Tabelle 6 gegeben. Zur Platzersparnis werden in dieser Tabelle die Argumente in zwei Spalten gebracht: links und rechts. Die zur linken Argumentsspalte gehörende Bezeichnung der Koeffizienten steht oben, die zur rechten Spalte gehörende unten in der Tabelle. Ausführlichere KoeffizIententabellen der LAGRANGEschen Formel siehe [28].

TABELLE 5.

Koeffizienten der LAGRANGEschen Interpolationsformel für $n = 3$

t	A_{-1}	A_0	A_1
0,00	—0,00000	+1,00000	+0,00000
01	00495	0,99990	00505
02	00980	99960	01020
03	01455	99910	01545
04	01920	99840	02080
0,05	—0,02375	+0,99750	+0,02625
06	02820	99640	03180
07	03255	99510	03745
08	03680	99360	04320
09	04095	99190	04905
0,10	—0,04500	+0,99000	+0,05500
11	04895	98790	06105
12	05280	98560	06720
13	05655	98310	07345
14	06020	98040	07980
0,15	—0,06375	+0,97750	+0,08625
16	06720	97440	09280
17	07055	97110	09945
18	07380	96760	10620
19	07695	96390	11305
0,20	—0,08000	+0,96000	+0,12000
21	08295	95590	12705
22	08580	95160	1 420
23	08855	94710	14145
24	09120	94240	14880
0,25	—0,09375	+0,93750	+0,15625
26	09620	93240	16380
27	09855	92710	17145
28	10080	92160	17920
29	10295	91590	18705
$-t$	A_1	A_0	A_{-1}

Fortsetzung der Tabelle 5

t	A_{-1}	A_0	A_1
0,30	—0,10500	+0,91000	+0,19500
31	10695	90390	20305
32	10880	89760	21120
33	11055	89110	21945
34	11220	88440	22780
0,35	—0,11375	+0,87750	+0,23625
36	11520	87040	24480
37	11655	86310	25345
38	11780	85560	26220
39	11895	84790	27105
0,40	—0,12000	+0,84000	+0,28000
41	12095	83190	28905
42	12180	82350	29820
43	12255	81510	30745
44	12320	80640	31680
0,45	—0,12375	+0,79750	+0,32625
46	12420	78840	33580
47	12455	77910	34545
48	12480	76960	35520
49	12495	75990	36505
0,50	—0,12500	+0,75000	+0,37500
51	12495	73990	38505
52	12480	72960	39520
53	12455	71910	40545
54	12420	70840	41580
0,55	—0,12375	+0,69750	+0,42625
56	12320	68640	43680
57	12255	67510	44745
58	12180	66360	45820
59	12095	65190	46905
0,60	—0,12000	+0,64000	+0,48000
61	11895	62790	49105
62	11780	61560	50220
63	11655	60310	51345
64	11520	59040	52480
0,65	—0,11375	+0,57750	+0,53625
66	11220	56440	54780
67	11055	55110	55945
68	10880	53760	57120
69	10695	52390	58305
0,70	—0,10500	+0,51000	+0,59500
71	10295	49590	60705
72	10080	48160	61920
73	09855	46710	63145
74	09620	45240	64380
$-t$	A_1	A_0	A_{-1}

Fortsetzung der Tabelle 5

t	A_{-1}	A_0	A_1
0,75	—0,09375	+0,43750	+0,65625
76	09120	42240	66880
77	08855	40720	68145
78	08580	39170	69420
79	08295	37590	70705
0,80	—0,08000	+0,36000	+0,72000
81	07695	34390	73305
82	07380	32760	74620
83	07055	31110	75945
84	06720	29440	77280
0,85	—0,06375	+0,27750	+0,78625
86	06020	26040	79980
87	05655	24310	81345
88	05280	22560	82720
89	04895	20790	84105
0,90	—0,04500	+0,19000	+0,85500
91	04095	17190	86905
92	03680	15360	88320
93	03255	13510	89745
94	02820	11640	91180
0,95	—0,02375	+0,09750	+0,92625
96	01920	07840	94080
97	01455	05910	95545
98	00980	03960	97020
99	00495	01990	98505
1,00	—0,00000	+0,00000	+1,00000
$-t$	A_1	A_0	A_{-1}

TABELLE 6.

Koeffizienten der LAGRANGEschen Interpolationsformel für $n = 4$

t	A_{-1}	A_0	A_1	A_2	
0,00	—0,00000	+1,00000	+0,00000	—0,00000	1,00
01	00328	0,99490	01005	00167	0,99
02	00647	98960	0,2020	00333	98
03	00955	98411	03044	00500	97
04	01254	97843	04077	00666	96
0,05	—0,01544	+0,97256	+0,05119	—0,00831	0,95
06	01824	96651	06169	00996	94
07	02094	96027	07228	01161	93
08	02355	95386	08294	01325	92
09	02607	94726	09369	01488	91
	A_2	A_1	A_0	A_{-1}	t

Fortsetzung der Tabelle 6

t	A_{-1}	A_0	A_1	A_2	
0,10	—0,02850	+0,94050	+0,10450	—0,01650	0,90
11	03084	93357	11538	01811	89
12	03309	92646	12634	01971	88
13	03525	91920	13735	02130	87
14	03732	91177	14843	02288	86
0,15	—0,03931	+0,90419	+0,15956	—0,02444	0,85
16	04122	89645	17075	02598	84
17	04304	88856	18199	02751	83
18	04477	88052	19328	02903	82
19	0,4643	87233	20462	03052	81
0,20	—0,04800	+0,86400	+0,21600	—0,03200	0,80
21	04949	85553	22742	03346	79
22	05091	84692	23888	03489	78
23	05224	83818	25037	03631	77
24	05350	82931	26189	03770	76
0,25	—0,05469	+0,82031	+0,27344	—0,03906	0,75
26	05580	81119	28501	04040	74
27	05683	80194	29661	04172	73
28	05779	79258	30822	04301	72
29	05868	78309	31986	04427	71
0,30	—0,05950	+0,77350	+0,33150	—0,04550	0,70
31	06025	76380	34315	04670	69
32	06093	75398	35482	04787	68
33	06154	74407	36648	04901	67
34	06208	73405	37815	05012	66
0,35	—0,06256	+0,72394	+0,38981	—0,05119	0,65
36	06298	71373	40147	05222	64
37	06333	70343	41312	05322	63
38	06361	69304	42476	05419	62
39	06384	68256	43639	05511	61
0,40	—0,06400	+0,67200	+0,44800	—0,05600	0,60
41	06410	66136	45959	05685	59
42	06415	65064	47116	05765	58
43	06413	63985	48270	05842	57
44	06406	62899	49421	05914	56
0,45	—0,06394	+0,61806	+0,50569	—0,05981	0,55
46	06376	60707	51713	06044	54
47	06352	59601	52854	06103	53
48	06323	58490	53990	06157	52
49	06289	57372	55123	06206	51
0,50	—0,06250	+0,56250	+0,56250	—0,06250	0,50
	A_2	A_1	A_0	A_{-1}	t

2. *Differenzenformeln zur Berechnung von Ableitungen*

A. Ableitungen von Funktionen einer Veränderlichen

1. NEWTONsche Formel

$$\left.\frac{df}{dx}\right|_{x=x_0+th} = \frac{1}{h}\left[f'_{1/2} + \frac{2t-1}{2!} f''_1 + \frac{3t^2-6t+2}{3!} f'''_{3/2} + \frac{4t^3-18t^2+22t-6}{4!} f_2^{IV} + \cdots\right].$$

2. STIRLINGsche Formel

$$\left.\frac{df}{dx}\right|_{x=x_0+th} = \frac{1}{h}\left[f'_0 + t f''_0 + \frac{3t^2-1}{3!} f'''_0 + \frac{4t^3-2t}{4!} f_0^{IV} + \frac{5t^4-15t^2+4}{5!} f_0^{V} + \right.$$
$$\left. + \frac{6t^5-20t^3+8t}{6!} f_0^{VI} + \cdots\right].$$

Die Werte der Koeffizienten für diese Formel sind in Tabelle 7 angegeben.

TABELLE 7.

Koeffizienten der STIRLINGschen Formel zur Berechnung der Ableitung

t	$\frac{3t^2-1}{3!}$	$\frac{4t^3-2t}{4!}$	$\frac{5t^4-15t^2+4}{5!}$	$\frac{6t^5-20t^3+8t}{6!}$
0,00	−0,16667	−0,0000	+0,0333	+0,0000
01	16662	0008	0333	0001
02	16647	0017	0333	0002
03	16622	0025	0332	0003
04	16587	0033	0331	0004
0,05	−0,16542	−0,0041	+0,0330	+0,0006
06	16487	0050	0329	0007
07	16422	0058	0327	0008
08	16347	0066	0325	0009
09	16262	0074	0323	0010
0,10	−0,16167	−0,0082	+0,0321	+0,0011
11	16062	0089	0318	0012
12	15947	0097	0315	0013
13	15822	0105	0312	0014
14	15687	0112	0309	0015
0,15	−0 15542	−0,0119	+0,0305	+0,0016
16	15387	0127	0302	0017
17	15222	0133	0298	0018
18	15047	0140	0293	0018
19	14862	0147	0289	0019
0,20	−0,14667	−0,0153	+0,0284	+0,0020
21	14462	0160	0279	0021
22	14247	0166	0274	0022
23	14022	0171	0268	0022
24	13787	0177	0263	0023
0,25	−0,13542	−0,0182	+0,0257	+0,0024

3. BESSELsche Formel

$$\left.\frac{df}{dx}\right|_{x=x_0+th} = \frac{1}{h}\left[f'_{1/2} + \frac{2t-1}{2} f''_{1/2} + \frac{6t^2-6t+1}{12} f'''_{1/2} + \frac{2t^3-3t^2-t+1}{12} f^{IV}_{1/2} + \right.$$
$$\left. + \frac{5t^4-10t^3+5t-1}{120} f^{V}_{1/2} + \cdots \right].$$

Die Werte der Koeffizienten für diese Formel sind in Tabelle 8 gebracht. Die angeführten Formeln kann man benutzen, um höhere Ableitungen zu erhalten, indem man sie nach t differenziert und mit $\frac{1}{h}$ multipliziert $\left(\text{wegen } \frac{d}{dx} = \frac{1}{h}\frac{d}{dt}\right)$.

Spezielle Formeln erhält man aus den allgemeinen für $t = 0$. Sie sind in Tabelle 9 angegeben.

TABELLE 8.

Koeffizienten der BESSELschen Formel zur Berechnung der Ableitung

$\frac{2t-1}{2}$	$\frac{6t^2-6t+1}{12}$	$\frac{2t^3-3t^2-t+1}{12}$	$\frac{5t^4-10t^3+5t-1}{120}$	$\frac{1}{720}[6t^5-15t^4-20t^3+45t^2+8t-12]$
0,00	−0,04167	−0,0000	+0,0047	+0,0000
01	04162	0021	0047	0004
02	04147	0042	0047	0009
03	04122	0062	0046	0013
04	04087	0083	0046	0018
0,05	−0 04042	−0,0104	+0,0045	+0,0022
06	03987	0125	0045	0027
07	03922	0145	0044	0031
08	03847	0166	0043	0036
09	03762	0186	0042	0040
0,10	−0.03667	−0.0207	+0.0041	+0,0044
11	03562	0227	0039	0049
12	03447	0247	0038	0053
13	03322	0267	0036	0057
14	03187	0287	0035	0062
0,15	−0,03042	−0,0307	+0,0033	+0,0066
16	02887	0327	0031	0070
17	02722	0346	0029	0074
18	02547	0365	0027	0078
19	02362	0384	0025	0082
0,20	−0,02167	−0,0403	+0,0023	+0,0086
21	01962	0422	0020	0090
22	01747	0441	0018	0094
23	01522	0459	0015	0098
24	01287	0477	0012	0101
0,25	−0,01042	−0,0495	+0,0009	+0,0105

TABELLE 9.

Interpolationsformel zur Berechnung von Ableitungen

Nr.	Ableitung	Formel
1	$\frac{df}{dx}$	$\left.\frac{df}{dx}\right\|_{x=x_0} = \frac{1}{h}\left[f'_{1/2} - \frac{1}{2}f''_1 + \frac{1}{3}f'''_{1/2} - \frac{1}{4}f^{IV}_2 + \frac{1}{5}f^{V}_{5/2} - \frac{1}{6}f^{VI}_3 + \cdots\right]$ Newton
2		$\left.\frac{df}{dx}\right\|_{x=x_0} = \frac{1}{h}\left[f'_0 - \frac{1}{6}f'''_0 + \frac{1}{30}f^{V}_0 - \frac{1}{140}f^{VII}_0 + \cdots\right]$ Stirling
3		$\left.\frac{df}{dx}\right\|_{x=x_0} = \frac{1}{h}\left[f'_{1/2} - \frac{1}{24}f'''_{1/2} + \frac{3}{640}f^{V}_{1/2} - \frac{5}{7168}f^{VII}_{1/2} + \cdots\right]$ Bessel
4	$\frac{d^2f}{dx^2}$	$\left.\frac{d^2f}{dx^2}\right\|_{x=x_0} = \frac{1}{h^2}\left[f''_1 - f'''_{3/2} + \frac{11}{12}f^{IV}_2 - \frac{5}{6}f^{V}_{5/2} + \frac{137}{180}f^{VI}_3 - \cdots\right]$ Newton
5		$\left.\frac{d^2f}{dx^2}\right\|_{x=x_0} = \frac{1}{h^2}\left[f''_0 - \frac{1}{12}f^{IV}_0 + \frac{1}{90}f^{VI}_0 - \frac{1}{560}f^{VIII}_0 + \cdots\right]$ Stirling
6		$\left.\frac{d^2f}{dx^2}\right\|_{x=x_0} = \frac{1}{h^2}\left[f''_{1/2} - \frac{5}{24}f^{IV}_{1/2} + \frac{259}{5760}f^{VI}_{1/2} - \frac{3229}{322560}f^{VIII}_{1/2} + \cdots\right]$ Bessel
7	$\frac{d^3f}{dx^3}$	$\left.\frac{d^3f}{dx^3}\right\|_{x=x_0} = \frac{1}{h^3}\left[f'''_{3/2} - \frac{3}{2}f^{IV}_2 + \frac{7}{4}f^{V}_{5/2} - \frac{15}{8}f^{VI}_3 + \cdots\right]$ Newton
8		$\left.\frac{d^3f}{dx^3}\right\|_{x=x_0} = \frac{1}{h^3}\left[f'''_0 - \frac{1}{4}f^{V}_0 + \frac{7}{120}f^{VII}_0 - \cdots\right]$ Stirling
9		$\left.\frac{d^3f}{dx^3}\right\|_{x=x_0} = \frac{1}{h^3}\left[f'''_{1/2} - \frac{1}{8}f^{V}_{1/2} + \frac{37}{1920}f^{VII}_{1/2} - \cdots\right]$ Bessel

Fortsetzung der Tabelle 9

Nr.	Ableitung	Formel	
10	$\frac{d^4 f}{d x^4}$	$\left.\frac{d^4 f}{d x^4}\right\|_{x=x_0} = \frac{1}{h^4}\left[f_2^{IV} - 2 f_{5/2}^{V} + \frac{17}{6} f_3^{VI} - \dots\right]$	Newton
11		$\left.\frac{d^4 f}{d x^4}\right\|_{x=x_0} = \frac{1}{h^4}\left[f_0^{IV} - \frac{1}{6} f_0^{VI} + \frac{7}{240} f_0^{VIII} - \dots\right]$	Stirling
12		$\left.\frac{d^4 f}{d x^4}\right\|_{x=x_0} = \frac{1}{h^4}\left[f_{1/2}^{IV} - \frac{7}{24} f_{1/2}^{VI} + \frac{47}{640} f_{1/2}^{VIII} - \dots\right]$	Bessel

TABELLE 10.

Differenzenausdrücke für partielle Ableitungen

Nr.	Ableitung	Skizze	Näherungsformel
1	$\frac{\partial u}{\partial x}$		$\frac{\partial u_{ik}}{\partial x} = \frac{u_{i+1,k} - u_{i-1,k}}{2h}$
2			$\frac{\partial u_{ik}}{\partial x} = \frac{u_{i+1,k+1} - u_{i-1,k+1} + u_{i+1,k-1} - u_{i-1,k-1}}{4h}$
3	$\frac{\partial u}{\partial y}$		$\frac{\partial u_{ik}}{\partial y} = \frac{u_{i,k+1} - u_{i,k-1}}{2l}$
4			$\frac{\partial u_{ik}}{\partial y} = \frac{u_{i+1,k+1} - u_{i+1,k-1} + u_{i-1,k+1} - u_{i-1,k-1}}{4l}$

Fortsetzung der Tabelle 10

Nr.	Ableitung	Skizze	Näherungsformel
5	$\frac{\partial^2 u}{\partial x^2}$		$\frac{\partial^2 u_{ik}}{\partial x^2} = \frac{1}{h^2}(u_{i+1,k} - 2u_{ik} + u_{i-1,k})$
6		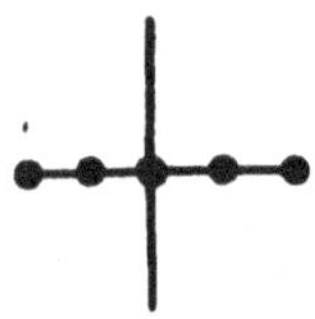	$\frac{\partial^2 u_{ik}}{\partial x^2} = \frac{1}{12h^2}(-u_{i+2,k} + 16u_{i+1,k} - 30u_{ik} + 16u_{i-1,k} - u_{i-2,k})$
7		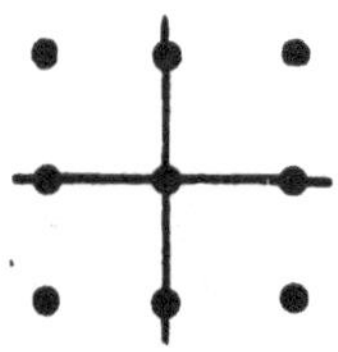	$\frac{\partial^2 u_{ik}}{\partial x^2} = \frac{1}{3h^2}(u_{i+1,k+1} - 2u_{i,k+1} + u_{i-1,k+1} + u_{i+1,k} - 2u_{ik} + u_{i-1,k} + u_{i+1,k-1} - 2u_{i,k-1} + u_{i-1,k-1})$
8	$\frac{\partial^2 u}{\partial y^2}$		$\frac{\partial^2 u_{ik}}{\partial y^2} = \frac{1}{l^2}(u_{i,k+1} - 2u_{ik} + u_{i,k-1})$
9		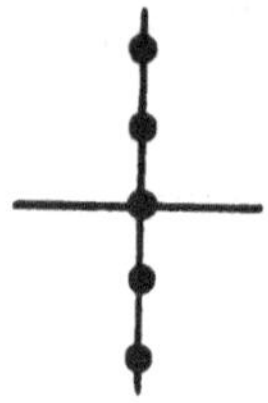	$\frac{\partial^2 u_{ik}}{\partial y^2} = \frac{1}{12l^2}(-u_{i,k+2} + 16u_{i,k+1} - 30u_{ik} + 16u_{i,k-1} - u_{i,k-2})$
10		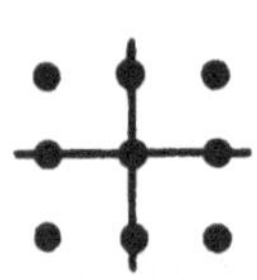	$\frac{\partial^2 u_{ik}}{\partial y^2} = \frac{1}{3l^2}(u_{i+1,k+1} - 2u_{i+1,k} + u_{i+1,k-1} + u_{i,k+1} - 2u_{ik} + u_{i,k-1} + u_{i-1,k+1} - 2u_{i-1,k} + u_{i-1,k-1})$

Fortsetzung der Tabelle 10

Nr.	Ableitung	Skizze	Näherungsformel
11	$\frac{\partial^2 u}{\partial x\, \partial y}$		$\frac{\partial^2 u_{ik}}{\partial x \partial y} = \frac{1}{4hl}(u_{i+1,k+1} - u_{i+1,k-1} - u_{i-1,k+1} + u_{i-1,k-1})$
12		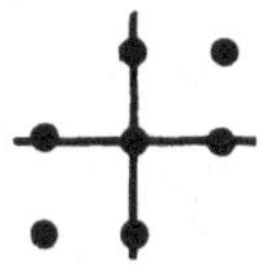	$\frac{\partial^2 u_{ik}}{\partial x \partial y} = -\frac{1}{2hl}(u_{i+1,k} + u_{i-1,k} + u_{i,k+1} + u_{i,k-1} - 2u_{i,k} - u_{i+1,k+1} - u_{i-1,k-1})$
13		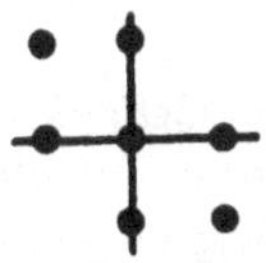	$\frac{\partial^2 u_{ik}}{\partial x \partial y} = \frac{1}{2hl}(u_{i+1,k} + u_{i-1,k} + u_{i,k+1} + u_{i,k-1} - 2u_{i,k} - u_{i-1,k+1} - u_{i+1,k-1})$
14	$\frac{\partial^4 u}{\partial x^4}$		$\frac{\partial^4 u_{ik}}{\partial x^4} = \frac{1}{h^4}(u_{i+2,k} - 4_{i+1,k} + 6u_{i,k} - 4u_{i-1,k} + u_{i-2,k})$
15	$\frac{\partial^4 u}{\partial y^4}$	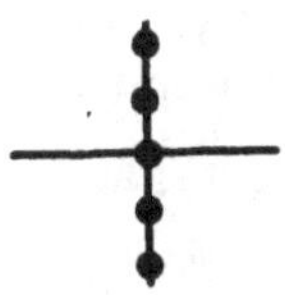	$\frac{\partial^4 u_{ik}}{\partial y^4} = \frac{1}{l^4}(u_{i,k+2} - 4u_{i,k+1} + 6u_{i,k} - 4u_{i,k-1} + u_{i,k-2})$
16	$\frac{\partial^4 u}{\partial x^2 \partial y^2}$	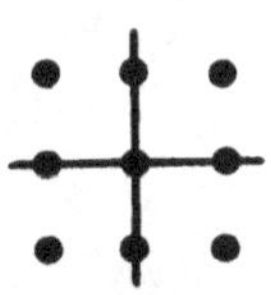	$\frac{\partial^4 u_{ik}}{\partial x^2 \partial y^2} = \frac{1}{h^2 l^2}(u_{i+1,k+1} + u_{i-1,k+1} + u_{i+1,k-1} + u_{i-1,k-1} - 2u_{i+1,k} - 2u_{i-1,k} - 2u_{i,k+1} - 2u_{i,k-1} + 4u_{i,k})$

B. Partielle Ableitungen

Die Formeln zur Berechnung partieller Ableitungen werden in einer Form gegeben, die keine Differenzen enthält; sie werden direkt durch die Funktionswerte selbst ausgedrückt. Die Funktionswerte im Punkte $(x_0 + ih, y_0 + kl)$ werden mit u_{ik} bezeichnet:

$$u_{ik} = u(x_0 + ih, y_0 + kl).$$

Den Formeln sind Skizzen beigegeben, die zeigen, welche Funktionswerte (in welchen Punkten) in die Formel eingehen. Die Werte aller Ableitungen werden in dem Punkte $(x_0 + ih, y_0 + kl)$ genommen. Die Formeln für die Ausdrücke partieller Ableitungen sind in Tabelle 10 beigefügt.

3. Abschätzung der Genauigkeit, die bei Lösung partieller Differentialgleichungen nach dem Differenzenverfahren erreicht wird

Das RUNGEsche Prinzip. Die Abschätzung der Genauigkeit der Annäherung, die bei Lösung einer Differentialgleichung nach der Differenzenmethode mit Differenzen einer gegebenen Maschenweite erreicht werden kann, ist außerordentlich schwierig. Formeln zur Abschätzung, die von verschiedenen Autoren gegeben wurden [5], [7], [15], sind zum größten Teil roh und außerdem sehr kompliziert. Das RUNGEsche Prinzip gestattet es in vielen Fällen, die Aufgabe der Fehlerabschätzung stark zu vereinfachen. Es besteht in folgendem:

Uns möge bekannt sein, daß die Größenordnung des Fehlers bei Lösung mit Hilfe von Differenzen der Maschenweite h gleich n sei, d. h. der Fehler $\varepsilon_h(x, y)$ in irgendeinem Punkte (x, y) kann näherungsweise so dargestellt werden:

$$\varepsilon_h(x, y) \approx k(x, y)\, h^n,$$

wobei die Funktion $k(x, y)$ nicht von h abhängt.

Wir mögen die Näherungslösungen $U_{2h}(x, y)$ und $U_h(x, y)$ bei den Maschenweiten $2h$ und h haben. Bezeichnen wir die genaue Lösung mit $u(x, y)$, so gilt

$$u(x, y) = U_{2h}(x, y) + \varepsilon_{2h}(x, y),$$
$$u(x, y) = U_h(x, y) + \varepsilon_h(x, y).$$

Daraus erhalten wir durch Subtraktion

$$U_h(x, y) - U_{2h}(x, y) = \varepsilon_{2h}(x, y) - \varepsilon_h(x, y),$$

und weil

$$\varepsilon_{2h}(x, y) \approx k(x, y)\, 2^n h^n \approx 2^n \varepsilon_h(x, y)$$

ist, so folgt

$$U_h(x, y) - U_{2h}(x, y) \approx \varepsilon_h(x, y)\, [2^n - 1]$$

und daraus

$$\varepsilon_h(x, y) \approx \frac{U_h(x, y) - U_{2h}(x, y)}{2^n - 1}.$$

Aus dieser Formel ergibt sich folgende Regel für eine angenäherte Abschätzung des Fehlers der Lösung bei Differenzen mit der Maschenweite h.

Man nehme in entsprechenden Punkten die Differenzen der Lösungen bei der Maschenweite h und bei der doppelten Maschenweite. Dividiert man diese Differenzen durch $2^n - 1$, wobei n die Ordnung des Fehlers ist, so ergeben sie angenähert die absoluten Fehler der Lösung der Maschenweite h.

Bei der Lösung der LAPLACEschen Gleichung

$$\frac{\partial^2 u}{\partial x^2} + \frac{\partial^2 u}{\partial y^2} = 0$$

und der POISSONschen Gleichung

$$\frac{\partial^2 u}{\partial x^2} + \frac{\partial^2 u}{\partial y^2} = f(x, y)$$

wird in einem quadratischen Netz mit der Maschenweite h (bei Verbesserung der Randwerte nach COLLATZ) der Fehler die Größenordnung h^2 haben, und das bedeutet, er wird ungefähr gleich einem Drittel der Differenz der Lösungen bei den Maschenweiten h und $2\,h$ sein.

III. LAPLACESCHE UND POISSONSCHE GLEICHUNG

1. Allgemeine Einführung

Wahl des Netzes und Konstruktion des Netzgebietes

Die erste Frage, die sich bei der angenäherten Lösung einer Randwertaufgabe ergibt, ist die nach der Wahl des Netzgebietes, das das gegebene Gebiet bei Durchführung der Lösung ersetzt. Diese Frage zerfällt in zwei Teile: die Wahl der Seitenlänge der Felder, aus denen das Netz besteht, und die Konstruktion des Netzgebietes.

a) Die Größe eines Feldes ist theoretisch durch die Forderung bestimmt, daß die Größe des Restgliedes in den Formeln, die für den angenäherten Ersatz der Differentialgleichung durch eine Differenzengleichung dienen, kleiner ist als der bei der Lösung zugelassene Fehler.

Praktisch ist jedoch ein solcher Weg in den meisten Fällen unzweckmäßig; denn es ist nicht möglich, die Größe des Restgliedes genau auszurechnen, und bei Benutzung einer Näherungsrechnung wird diese Größe gewöhnlich so sehr überschätzt, daß sich die hierbei erhaltene Abmessung des Feldes als zu klein erweist. Es ist klar, daß bei übermäßig kleinen Feldern ihre Anzahl so groß wird, daß die Lösung praktisch nicht zu bewerkstelligen ist. Deshalb ist ein anderer Weg zweckmäßiger: Zuerst wird die Aufgabe für eine kleine Felderzahl gelöst, deren Abmessung nach Augenmaß so bestimmt wird, daß man in jedem Teil nicht weniger als zwei Reihen Felder hat. Nachdem die Aufgabe in diesem groben Netz gelöst ist, geht man durch Verfeinerung des Netzes entweder auf dem ganzen Gebiet oder in irgendeinem Teil davon zu einer genaueren Lösung über. Am bequemsten ist die Verfeinerung des Netzes so vorzunehmen, daß man die Seiten der Felder halb so groß wählt wie die schon benutzten. Wenn die erreichte Genauigkeit noch nicht genügt, dann nimmt man die Verfeinerung noch einmal vor usw.

Beispiel. In Abb. 8 ist die Konstruktion eines Netzes von der beschriebenen Art dargestellt. In Abb. 8a enthält das eingetragene grobe Netz in den schmalsten Teilen des Gebietes nur zwei Reihen Felder. In Abb. 8b ist das Netz durch Unterteilung jedes Quadrates in vier neue verfeinert. In Abb. 8c ist das Netz nochmals an den einspringenden Ecken des Randes verfeinert; an diesen Stellen ändert sich die gesuchte Funktion gewöhnlich stärker, und deshalb muß man hier die Felder am kleinsten wählen.

b) Konstruktion des Netzgebietes. Bei der Konstruktion des Netzgebietes soll man dessen Rand so wählen, daß er möglichst gut den Rand des gegebenen Gebietes approximiert. In jedem Fall muß das Netzgebiet so gewählt werden, daß die Begrenzung des gegebenen Gebietes die Linien des Netzes immer zwischen einem Randpunkt und einem inneren Punkt und nicht zwischen zwei inneren Punkten schneidet.

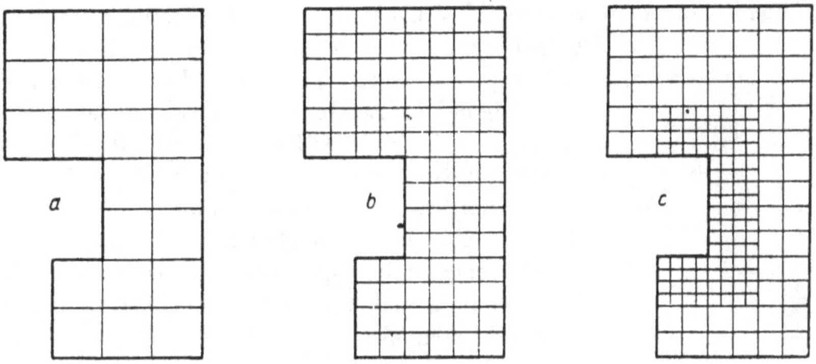

Abb. 8

Beispiel. In Abb. 9 ist die Konstruktion eines Netzgebietes dargestellt, das ein Kreisgebiet approximiert. In Abb. 9a ist diese Konstruktion in Übereinstimmung mit der oben aufgestellten Forderung ausgeführt. In Abb. 9b ist diese

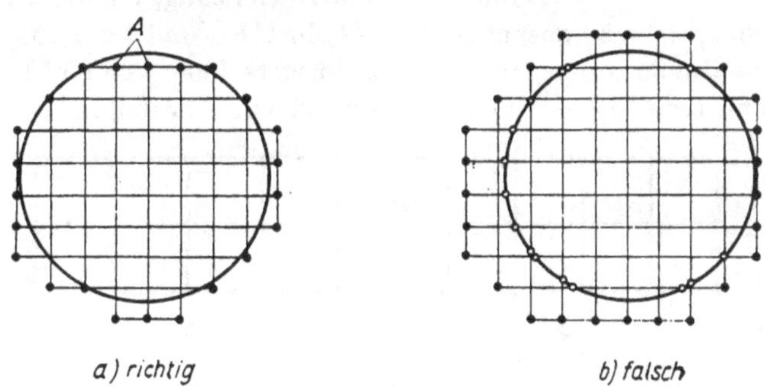

Abb. 9

Forderung nicht erfüllt. Die Punkte, in denen der Kreis das Netz zwischen zwei inneren Punkten schneidet, sind durch weiße Punkte gekennzeichnet.

Bemerkung. Die Randpunkte des Netzgebietes können sowohl im Äußern als auch im Innern des zu approximierenden Gebietes liegen. In Abb. 9a liegen die Punkte A im Innern des Kreisgebietes.

Bei der Konstruktion des Netzgebietes, die letzten Endes auf die Konstruktion des Randes dieses Gebietes hinausläuft, muß man darauf achten, daß manchmal einige Randpunkte (in Abb. 10 die Punkte α) auf die Lösung der Aufgabe keinen Einfluß haben. In der Tat gibt es neben den Punkten α keine inneren Punkte, und die Funktionswerte in diesen Punkten sind überhaupt nicht an den Rechnungen beteiligt, wenn man nach Formel 1 der Tabelle 11 (Seite 33) vorgeht.

Netze anderen Typs (nichtquadratisch)

In manchen Fällen ist es möglich, den Rand eines gegebenen Gebietes genau darzustellen, wenn man auf ein Quadratnetz verzichtet. Genügt zur Lösung der Aufgabe ein grobes Netz (mit einer kleinen Anzahl von Gitterpunkten) oder kann man die Aufgabe graphisch lösen (die geforderte Genauigkeit ist so, daß der relative Fehler 6—8% erreichen kann), so ist oft die Benutzung nichtquadratischer Netze vorteilhaft. Diese Netze (Rechtecks-, Dreiecks-, Parallelogrammnetze) führen zu komplizierteren Gleichungen als ein Quadratnetz; wenn man jedoch wenig Gleichungen hat, erschwert dieser Umstand die Rechnung nicht allzusehr, und eine Lösung in solchen Netzen ist möglich.

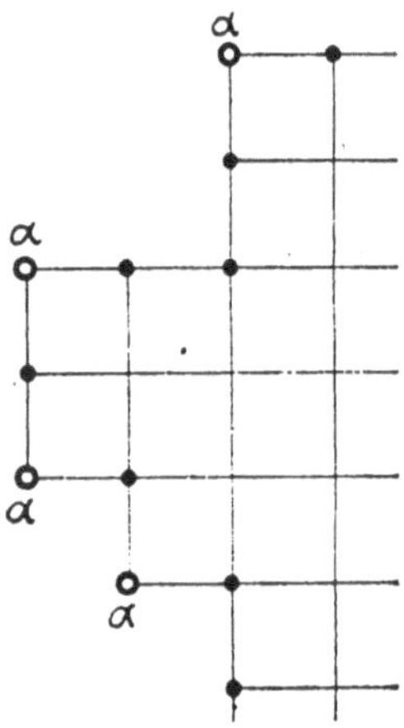

Abb. 10

Beispiel 1. In Abb. 11 ist ein Rechteck mit dem Seitenverhältnis 5 : 11 abgebildet. Die geforderte Genauigkeit sei so, daß es für die Lösung ausreicht, ein Netz aus acht Feldern zu benutzen. Wenn man aber ein Quadratnetz benutzen soll, besitzt das Gebiet aus acht Quadraten eine Begrenzung, die nicht mit dem Rand des gegebenen Rechtecks zusammenfällt (Abb. 11a), und im Punkte A muß der Wert auf dem Rande durch Interpolation ausgerechnet werden. Dem kann man entgehen, wenn man kleinere Felder nimmt; doch wächst ihre Anzahl dabei von

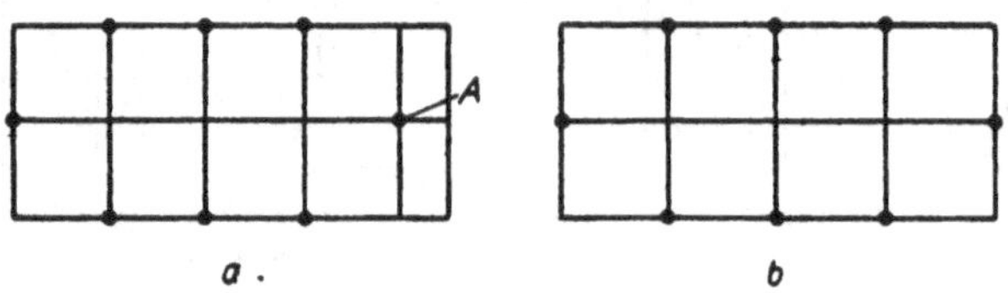

Abb. 11

8 auf 55, was offenbar nicht vorteilhaft ist. Es ist hier zweckmäßig, ein Rechtecksnetz zu nehmen, das man durch Teilung der langen Seite in vier und der kurzen in zwei Teile erhält (Abb. 11b).

Beispiel 2. In Abb. 12 ist ein komplizierterer Rand dargestellt. In Abb. 12a ist eine Approximation durch ein Quadratnetz, in Abb. 12b durch Kombination von Netzen anderen Aussehens (Rechtecke, Dreiecke, Parallelogramme) gegeben.

Im zweiten Fall fällt der Netzrand genau mit dem gegebenen Rand zusammen, und es ist keinerlei Interpolation beim Aufsuchen der Randwerte im Netz nötig.

In Abb. 12b sind außer den schwarzen Punkten B im Netz weiße Punkte A eingezeichnet. Dies sind innere Punkte, in denen man die Werte durch besondere Kunstgriffe bestimmen muß.

Um die Gleichungen für diese Punkte aufzuschreiben, muß man eins der Netze in das Innere des anderen fortsetzen (in Abb. 12b ist das quadratische Netz in das Innere des Parallelogrammnetzes fortgesetzt). Dann werden die Werte in den Punkten A durch die Werte in den Punkten C bestimmt, und die Werte in diesen Punkten muß man mittels Interpolation aus denjenigen Werten bestimmen, die man in den Gitterpunkten des Parallelogrammnetzes erhält.

Zu bemerken ist, daß bei Benutzung von Parallelogramm- und Dreiecksnetzen einige solcher Punkte wie die Punkte α in Abb. 10 sich für die Lösung

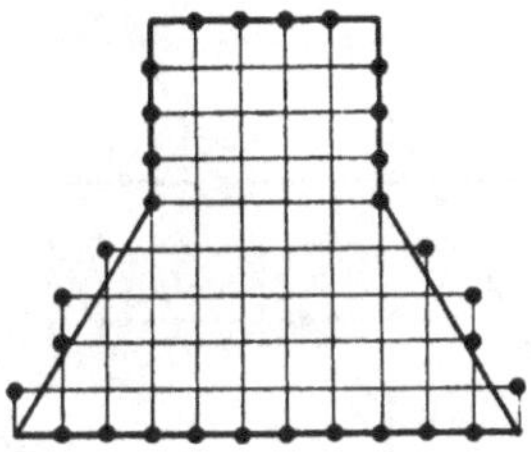

a

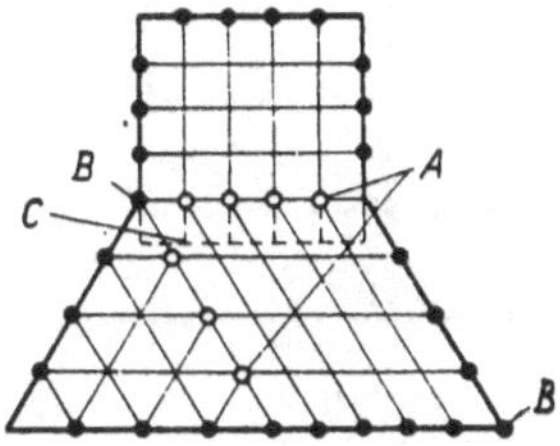

b

Abb. 12

als nötig erweisen. Solche Punkte sind in Abb. 12b durch den Buchstaben B gekennzeichnet.

Formeln für die Durchführung der Rechnungen mit nichtquadratischen Netzen

Unten werden die Formeln überall für die Lösung der POISSONschen Gleichung

$$\frac{\partial^2 u}{\partial x^2} + \frac{\partial^2 u}{\partial y^2} = f(x, y)$$

gegeben. Mit u_i, f_i werden die Werte der Funktionen u und f in dem Punkte bezeichnet, der in der Skizze die Nr. i hat.

Die Maße für die Maschen des Netzes sind aus den Abbildungen zu ersehen. Außerdem werden folgende Bezeichnungen eingeführt:

$$s_1 = \frac{1}{2}(u_1 + u_4),$$

$$s_2 = \frac{1}{2}(u_2 + u_5),$$

$$s_3 = \frac{1}{2}(u_3 + u_6).$$

1. Rechtecksnetz (Abb. 13).

$$u_0 = \frac{a^2(u_1 + u_3) + b^2(u_2 + u_4) - a^2b^2f_0}{2(a^2+b^2)}.$$

Im Spezialfall $a=b$ Quadratnetz) hat man

$$u_0 = \frac{u_1 + u_3 + u_2 + u_4}{4} - \frac{a^2f_0}{4}.$$

Für $f = 0$ (LAPLACEsche Gleichung) wird

$$u_0 = \frac{1}{4}(u_1 + u_3 + u_2 + u_4).$$

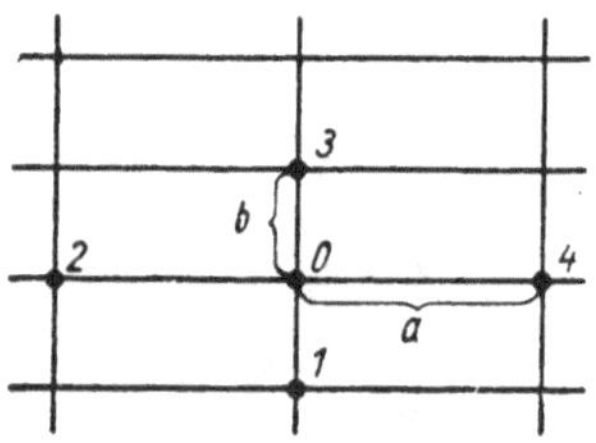

Abb. 13

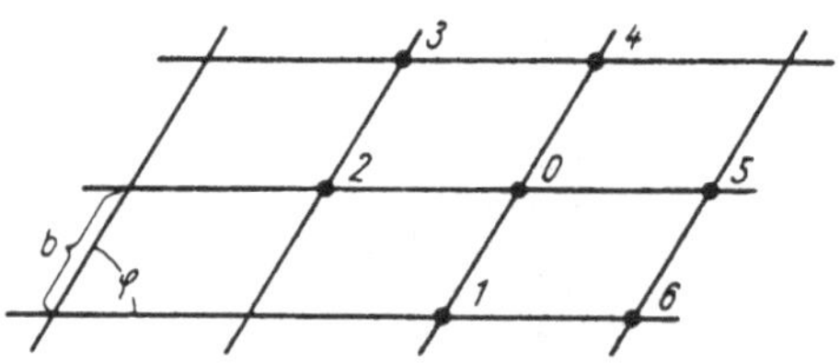

Abb. 14

2. Parallelogrammnetz (Abb. 14).

$$u_0 = \frac{\lambda_1 s_1 + \lambda_2 s_2 + \lambda_3 s_3}{\lambda_1 + \lambda_2 + \lambda_3} - \frac{f_0 \sin^2\varphi}{2(\lambda_1 + \lambda_2 + \lambda_0)};$$

$$\lambda_1 = \frac{1}{b^2} - \frac{\cos\varphi}{ab},$$

$$\lambda_2 = \frac{1}{a^2} - \frac{\cos\varphi}{ab},$$

$$\lambda_3 = \frac{\cos\varphi}{ab}.$$

Für $\varphi = \frac{\pi}{2}$ gehen die Formeln in die der Nr. 1 über.

3. Dreiecksnetz (Abb. 15).

Die Formeln lauten ebenso wie die für das Parallelogrammnetz in Nr. 2.

4. Gleichseitiges Dreiecksnetz (Abb. 16).

$$u_0 = \frac{S_1 + S_2 + S_3}{3} - \frac{f_0a^2}{4} = \frac{u_1 + u_2 + u_3 + u_4 + u_5 + u_6}{6} - \frac{f_0a^2}{4}.$$

Man erhält diesen Fall aus der allgemeinen Formel der Nr. 2 für $a = b$, $\varphi = \frac{\pi}{3}$.

Beginn der Rechnung und Verfeinerung des Netzes

Um die Rechnung nach dem Iterationsverfahren zu beginnen, muß man eine Anfangsverteilung der Funktionswerte im Innern des Gebietes G vorgeben. Je näher diese Werte bei den wirklichen liegen, desto schneller konvergiert der Prozeß. Deshalb ist eine günstige Wahl der Anfangsverteilung wichtig. Dies kann auf zwei Arten geschehen:

a) graphisch, b) numerisch.

a) Graphisches Verfahren. Das graphische Verfahren nimmt man in den Fällen, in denen das Endergebnis nicht sehr große Genauigkeit erfordert (3 Stellen). Das gegebene Gebiet wird in Axonometrie (Abb. 17) konstruiert.

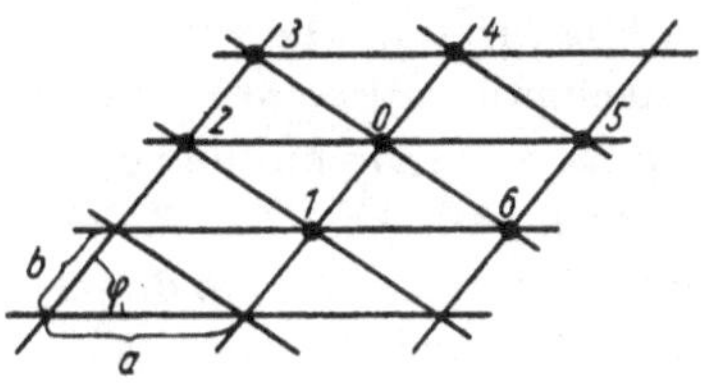

Abb. 15

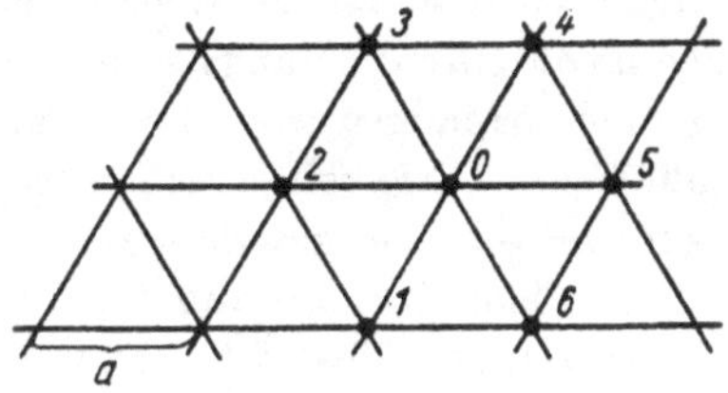

Abb. 16

Auf seiner Begrenzung werden vertikal die gegebenen Funktionswerte aufgetragen. Darauf legt man nach Augenmaß durch die konstruierte Raumkurve eine Fläche (genauer: man konstruiert ihre Schnitte mit den Koordinatenebenen y, z und x, z), die die gesuchte Funktion darstellt. Eine ungefähre Vorstellung von der Form dieser Fläche kann man erhalten, wenn man sich eine Membran (z. B. ein Seifenhäutchen) denkt, die auf die Kurve k (Abb. 17) aufgespannt wird. Diese

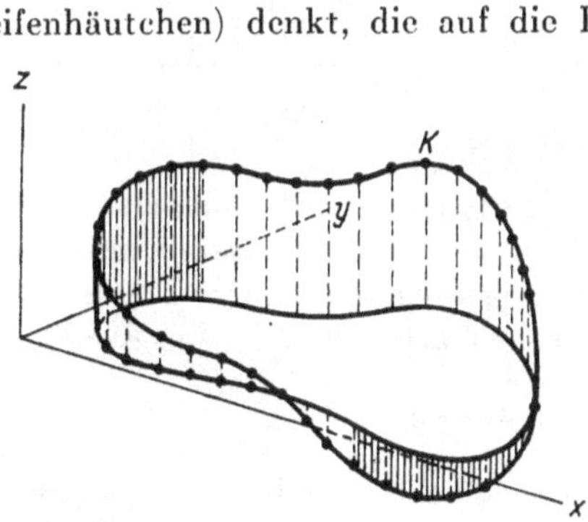

Abb. 17

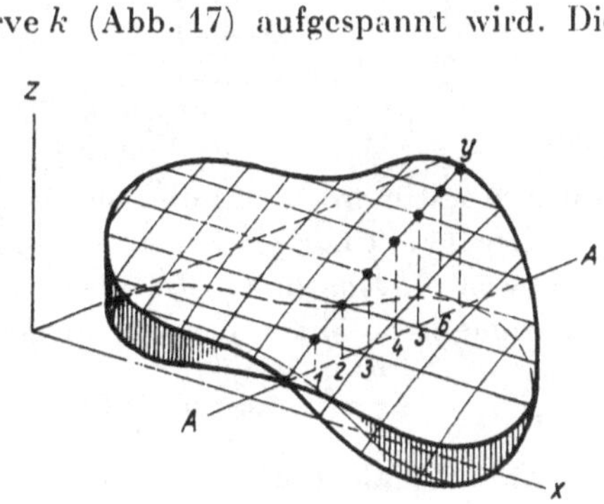

Abb. 18

Fläche kann im Innern des Gebietes keine Punkte besitzen, die höher als die höchsten oder tiefer als die tiefsten Punkte der Kurve K liegen. Jeder Schnitt muß sich als eine möglichst glatte Kurve ergeben. Ist die Fläche konstruiert (Abb. 18), so liest man direkt aus der Zeichnung die Ordinaten jedes Schnittes ab; ihre Größen nimmt man (in dem Maßstabe, in dem die Randwerte konstruiert werden) als erste Näherung. In Abb. 18 z. B. ist gezeigt, wie man die Funktionswerte für die Punkte 1, 2, 3, . . ., die auf der Geraden AA liegen, findet. Dieses graphische Verfahren ist für die Übertragung der Funktionswerte vom Rande von G auf den Rand von $\overline{G}$ sehr geeignet.

In Fällen, wo keine große Genauigkeit gefordert wird, kann man die ganze Lösung graphisch ausführen [19].

b) Numerisches Verfahren. Dieses Verfahren besteht im wesentlichen in einer vorläufigen Lösung der Aufgabe mit einer kleinen Felderzahl. In Fällen, die große Genauigkeit (4—5 Stellen) erfordern, muß man auch eine große Zahl von Feldern nehmen (sonst wird der Fehler infolge des Ersetzens des gegebenen Gebietes G durch das Netzgebiet $\overline{G}$ und der Ableitungen durch Differenzen zu groß). Es ist nicht vorteilhaft, die Rechnungen gleich mit einer großen Felderzahl und nicht genügend guten Anfangswerten durchzuführen. Deshalb berechnet man möglichst genaue Anfangswerte, bevor man die Rechnung mit einer Schablone für eine große Felderzahl beginnt. Dies geschieht so: Zuerst bestimmt man die Anfangswerte genauer in den gestrichelten Schablonenfeldern (Abb. 19). Offensichtlich ist dies äquivalent einer Lösung der Aufgabe mit einer Schablone, in der es nur den 4. Teil Felder gibt. Diese Lösung wird auf 3 Stellen und die Anfangsverteilung

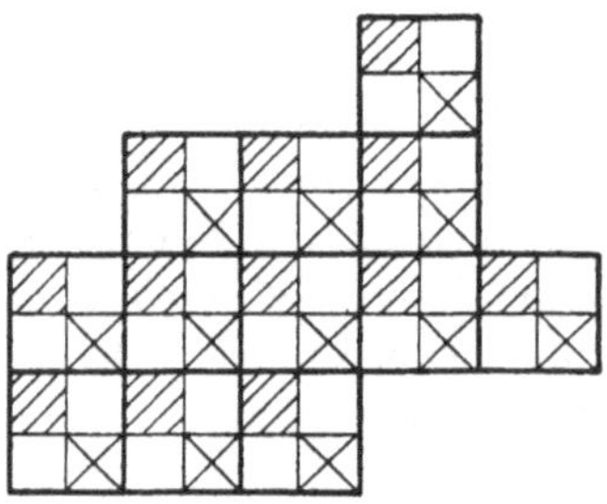
Abb. 19

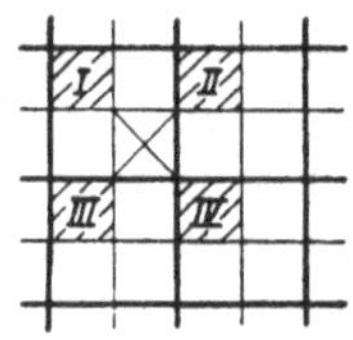

Abb. 20

graphisch bestimmt. Wenn die Lösung gefunden ist, dann bestimmt man die Anfangswerte für alle übrigen Felder, zuerst für die mit einem Kreuz versehenen, darauf für die weißen. Man findet die Werte in den angekreuzten Punkten, indem man das arithmetische Mittel der vier diagonal benachbarten Werte nach der Formel

$$\varphi_x = \frac{1}{4} (\varphi_I + \varphi_{II} + \varphi_{III} + \varphi_{IV})$$

(siehe Abb. 20) bildet, was auf Grund der Ergebnisse von Gerschgorin [3] ausreicht, und zur Ausfüllung der weißen Felder nimmt man die arithmetischen Mittel aus den Funktionswerten in den gestrichelten Feldern und den gefundenen Werten in den angekreuzten Feldern.[1])

So werden die Anfangswerte in allen Feldern der großen Schablone genügend genau gefunden und sie garantieren eine gute Konvergenz des Prozesses. Mit diesen Werten wird der gewöhnliche Iterationsprozeß auf die volle Stellenzahl (4—5) weitergeführt.

Die gebräuchlichsten Formeln zur Lösung der LAPLACEschen und der POISSONschen Gleichung. Weiter unten werden die Formeln angeführt,

[1]) Alles dies ist berechtigt für die Lösung der LAPLACEschen Gleichung. Zur Lösung der POISSONschen Gleichung muß man die Formeln 2 und 1 der Tabelle 11 nehmen.

die gewöhnlich zur Lösung der LAPLACEschen und der POISSONschen Gleichung benutzt werden; das Netz wird quadratisch angenommen. Es wird die Gleichung

$$\frac{\partial^2 u}{\partial x^2} + \frac{\partial^2 u}{\partial y^2} = f(x, y)$$

betrachtet. Mit u_i, f_i werden die Funktionswerte von u und f in dem Punkt bezeichnet, der in der Skizze die Nr. i trägt. Die Quadratseite des Netzes sei gleich h. Die Formeln zur Lösung der LAPLACEschen und der POISSONschen Gleichung sind in Tabelle 11 angeführt.

TABELLE 11

Formeln zur Lösung der LAPLACEschen und der POISSONschen Gleichung

Nr.	Skizze	Formel	Größenordnung des Fehlers
1	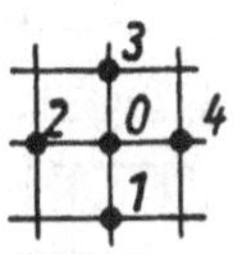	$u_0 = \frac{1}{4}(u_1 + u_2 + u_3 + u_4) - \frac{h^2 f_0}{2}$	h^2
2	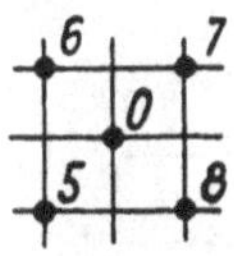	$u_0 = \frac{1}{4}(u_5 + u_6 + u_7 + u_8) - \frac{h^2 f_0}{2}$	h^2
3	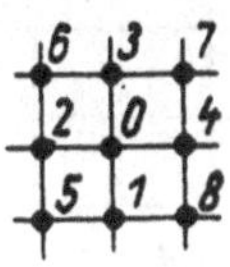	$u_0 = \frac{4[u_1+u_2+u_3+u_4] + [u_5+u_6+u_7+u_8]}{20} - \frac{6}{20} h^2 f_0$	h^4
4	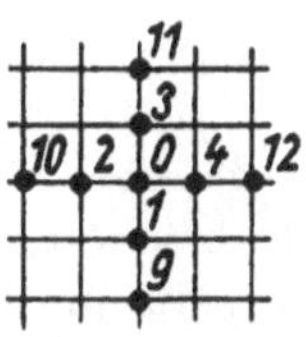	$u_0 = \frac{16[u_1+u_2+u_3+u_4] - [u_9+u_{10}+u_{11}+u_{12}]}{60} - \frac{12}{60} h^2 f_0$	h^4

2. Die DIRICHLETsche Aufgabe

Die DIRICHLETsche Aufgabe oder die erste Randwertaufgabe besteht bekanntlich in der Ermittlung einer Funktion, die im Innern eines gegebenen Gebietes der LAPLACEschen oder der POISSONschen Differentialgleichung genügt und die auf dem Rande des Gebietes vorgegebene Werte besitzt. Die Lösung dieser Aufgabe nach dem Differenzenverfahren wird unten beschrieben.

Rechenschema. Wir betrachten unten ausführlich die Berechnung nach Formel 1 der Tabelle 11, die am häufigsten gebraucht wird.

Für die praktische Durchführung der Rechnung nach dem Iterationsverfahren ist es nötig, eine genügende Anzahl spezieller Rechenschablonen vorzubereiten (10—20 Stück); die Art der Vorbereitung wird unten gezeigt. Das Gebiet G, für das die DIRICHLETsche Aufgabe gelöst werden soll, sei mit einem Netz bedeckt. Es werden die Funktionswerte in den Gitterpunkten im Innern des Gebietes $\overline{G}$ gesucht, das das Gebiet G in unserer Näherungslösung ersetzt. Diese Gitterpunkte sind in Abb. 21a durch weiße Kreise gekennzeichnet.

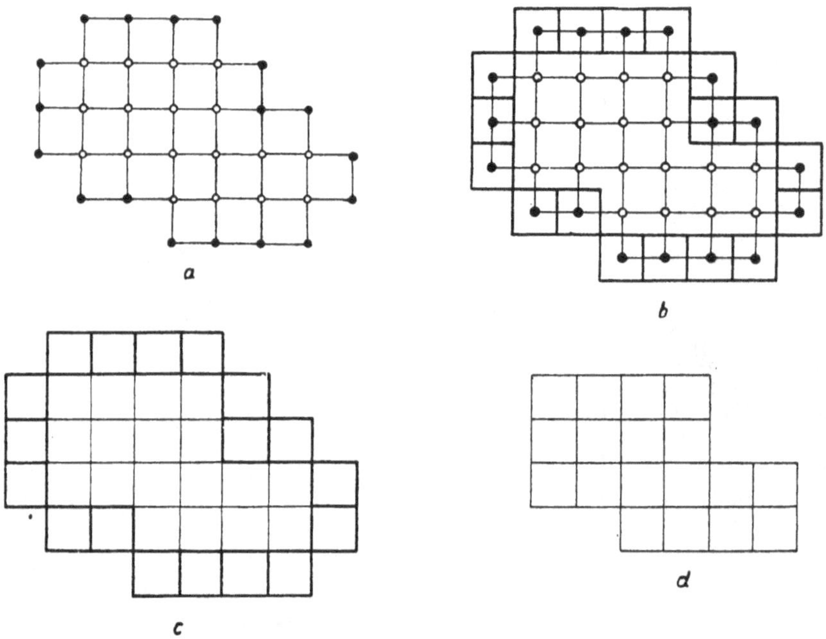

Abb. 21 *a, b, c, d*

In den Punkten, die auf dem Rande dieses Gebietes liegen (in Abb. 21a durch schwarze Kreise gekennzeichnet), müssen die Funktionswerte bekannt sein. Sie werden durch Interpolation aus denjenigen Werten bestimmt, die die gesuchte Funktion mit den nächsten Randpunkten des Gebietes G besitzt. Für die Konstruktion der Rechenschablone verschaffen wir uns ein zweites Netz in den gleichen Abmessungen wie das erste, aber so, daß seine Linien durch die Mitte der Linien des ersten gehen. Die Gitterpunkte des ersten Netzes liegen im Innern der Quadrate des zweiten Netzes (Abb. 21b). Die Felder des neuen Netzes, in deren Innerem sich die schwarzen Kreise befinden, umranden wir mit einer dicken Linie. Wenn die nötigen Quadrate umrandet sind, ist die Rechenschablone konstruiert (Abb. 21c). Die äußere Reihe Felder ist durch dicken Druck umrandet; in diese Felder werden die umränderten, auf dem Rande des Gebietes $\overline{G}$ vorgegebenen Funktionswerte eingeschrieben; in jedes Feld wird der Wert geschrieben, der dem Punkt in der Mitte des Feldes (Abb. 21b) entspricht. Die inneren Felder werden schrittweise nach dem Iterationsprozeß ausgefüllt. Hierfür werden 10—20 Schablonen vorbereitet, die nur aus inneren Feldern bestehen (Abb. 21d) von derselben Größe wie die Felder in der Schablone der Abb. 21c (eine solche Schablone ist nur einmal nötig). Die gegebenen Randwerte werden in die dick umrandeten Felder der Schablone 1 (Abb. 21c) eingeschrieben, und die inneren Felder werden mit willkürlichen Werten ausgefüllt, die als erste Näherung genommen werden. Nach der Schablone 1 schreitet man zur Ausfüllung der Schablone 2 (schon ohne äußere Felder); in jedes Feld wird unter der Nr. n der Schablone 2 das arithmetische Mittel der vier Zahlen eingeschrieben, die in den zu dem Feld n der Schablone 1 benachbarten Feldern stehen.

Die gegebenen Randwerte sind ebenfalls am Zustandekommen dieser arithmetischen Mittel beteiligt (für jene Felder, die an den Rand stoßen). Wenn Schablone 2

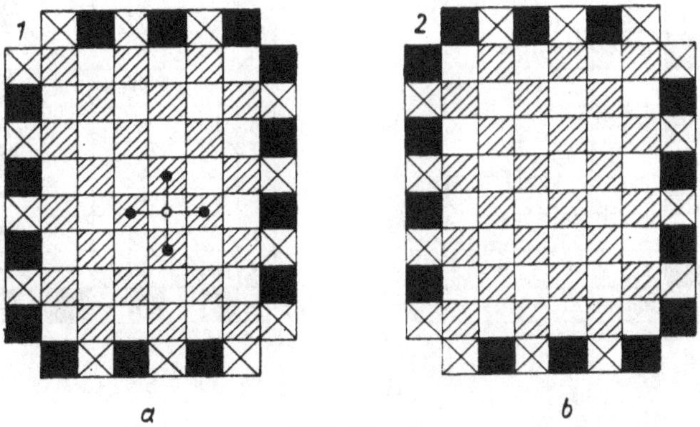

Abb. 22 *a*, *b*

ausgefüllt ist (die Schablonennummern werden auf die Rückseite geschrieben), dann legt man sie auf die Schablone 1 (wobei die Randwerte unbedeckt bleiben, da die Schablone 2 nur aus inneren Feldern besteht) und füllt Schablone 3 aus, indem man das arithmetische Mittel aus den Zahlen der Schablone 2 in derselben Weise bildet wie bei Ausfüllung der Schablone 2 aus den Zahlen der Schablone 1. Der Prozeß wird so lange fortgesetzt, bis in den Grenzen der gegebenen Genauigkeit die Werte in zwei aufeinanderfolgende Schablonen zusammenfallen.

Kreuzschema. In manchen Fällen (z. B. bei Ausführung der Arbeit durch weniger qualifizierte Rechner) ist es bequem, ein etwas anderes, das sog. Kreuzschema zu nehmen. Die Rechnung verläuft hierbei so:

Mit Hilfe der Werte, die in den gestrichelten Feldern der Schablone 1 (Abb. 22a) stehen, und der Randwerte, die in den schwarzen Feldern stehen, werden die Werte in den weißen Feldern durch Bildung der arithmetischen Mittel aus vier benachbarten ermittelt. Wenn alle diese Werte gefunden sind, dann werden mit ihrer Hilfe neue Werte in den gestrichelten Feldern ermittelt, die in Schablone 2

(Abb. 22b) weiß dargestellt sind. Nachdem sie gefunden sind, führt man wieder die Rechnung mit der Schablone 1 durch, dann mit der Schablone 2 usw. In Abb. 22 sind die Schablonen für die Rechnung nach Formel 1 der Tabelle 11 dargestellt. Mit einem Kreuz (×) sind in diesen Schablonen diejenigen Randwerte gekennzeichnet, die bei der Rechnung nach der gegebenen Schablone nicht beteiligt sind, wohl aber bei der Rechnung nach der folgenden Schablone benutzt werden.

In Abb. 23 sind die Schablonen für die Rechnung nach dem Kreuzschema bei Benutzung von Formel 2 der Tabelle 11 dargestellt. In diesem Fall sind gewisse Felder, die in den Schablonen mit einem Stern (*) versehen sind, an den Rechnungen überhaupt nicht beteiligt, wenn man das Schema dem Buchstaben nach befolgt. Um auch diese Felder in die Rechnung einzubeziehen, muß man entweder

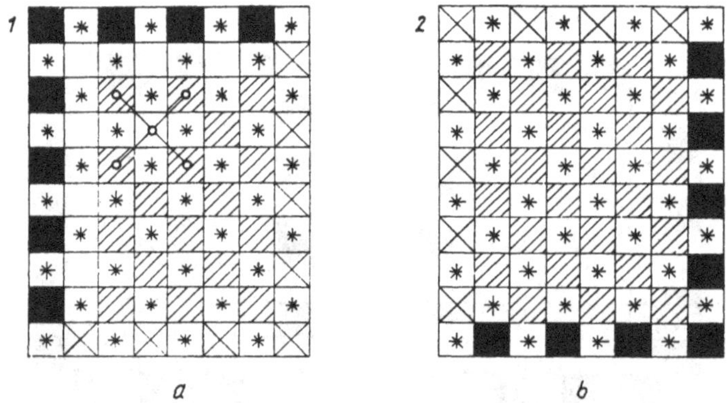

Abb. 23 *a*, *b*

die Formel 1 und 2 gleichzeitig verwenden oder, wenn man nur Formel 2 nimmt, nach Ausführung eines Rechenzyklus mit den beiden Schablonen 1 und 2 die Schablone um eine Reihe weiterbewegen.

Verbesserung der Werte auf dem Rande. In den Fällen, wo der Rand des Netzgebietes mit dem Rand des Gebietes, für das die DIRICHLETsche Aufgabe gelöst werden soll, zusammenfällt, bleiben die Werte der gesuchten Funktion u auf dem Rande des Netzgebietes im Laufe der Rechnung unverändert (Abb. 24a). In den Fällen jedoch, wo die Ränder des ursprünglich gegebenen und des approximierenden Netzgebietes nicht zusammenfallen (Abb. 24b), trifft dies nicht mehr zu. In der Tat müssen die Werte in den Punkten 1, 2, 3, . . . des Netzrandes gegeben sein, bekannt sind jedoch die Werte in anderen Punkten 1′, 2′, 3′, . . ., nämlich auf dem Rande des Gebietes G. Zur Lösung der DIRICHLETschen Aufgabe in dem Netz muß man diese Werte von den Randpunkten des Gebietes G auf den Rand des Netzgebietes übertragen, und zwar so, daß nach Ermittlung der Lösung die Funktionswerte von u auf dem Rande des Gebietes G mit jenen Werten zusammenfallen, die auf dem Rande gegeben waren. Es ist klar, daß diese Operation ohne Kenntnis der Funktionswerte von u im Innern des Gebietes nicht genau erfüllt werden kann. Da man bei der Lösung der DIRICHLETschen Aufgabe gerade diese Funktion sucht, so kann die Erfüllung der Bedingungen auf dem Rande von G nur mit Hilfe sukzessiver Näherungen erreicht werden. Eine in der Praxis recht

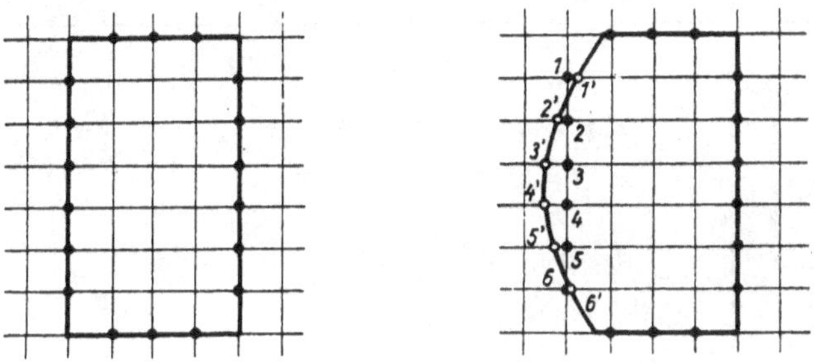

a b

Abb. 24

bequeme Methode der Verbesserung der Randwerte für diesen Fall gibt L. COLLATZ [8]. Diese Methode bezieht sich auf die Benutzung der Formeln, die in Tabelle 12 angeführt sind.

TABELLE 12

Formeln für die Verbesserung der Randwerte nach COLLATZ

Skizze	Gleichung	Bemerkung
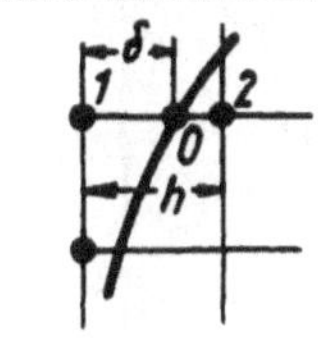	$u_1 = \frac{h\varphi_0 - \delta u_2}{h - \delta}$	In diesen Formeln ist mit u_1 die Größe der Funktion u im Punkte 1 des Schemas bezeichnet; mit φ_0 ist der vorgegebene Wert u im Punkte 0 auf dem Rande von G bezeichnet.
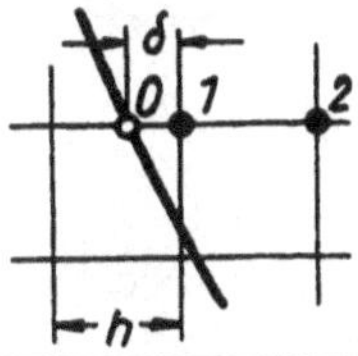	$u_1 = \frac{h\varphi_0 + \delta u_2}{h + \delta}$	

Die Größenordnung des Fehlers bei der Verbesserung der Randwerte nach COLLATZ ist h^2. Wesentlich genauere Formeln werden in einer Arbeit von MIKELADSE [29] aufgestellt. Indem zur Verbesserung der Randwerte nicht bloß ein innerer Wert, sondern drei benutzt werden, erhält man als Größenordnung des Fehlers h^3. Einige dieser Formeln sind in Tabelle 13 angeführt.

TABELLE 13

Formeln für die Verbesserung der Randwerte nach MIKELADSE

Nr.	Skizze	Formel	Größenordnung des Fehlers
1	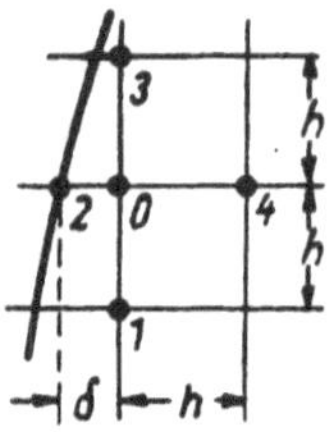	$u_0 = \frac{2h^2\varphi_2 + 2h\delta u_4 + \delta(h+\delta)(u_1+u_3)}{(h+\delta)[2h+2\delta+\delta h^2 g_0]} - \frac{\delta h^2 f_0}{2h+2\delta+\delta h^2 g_0}$ [1])	h^3
2		$u_0 = \frac{h}{h+\delta}\,\frac{h\varphi_2+\delta u_4}{h+\delta} + \frac{\delta}{h+\delta}\,\frac{u_1+u_3}{2} - \frac{\delta h^2 f_0}{2(h+\delta)}$ [2])	
3	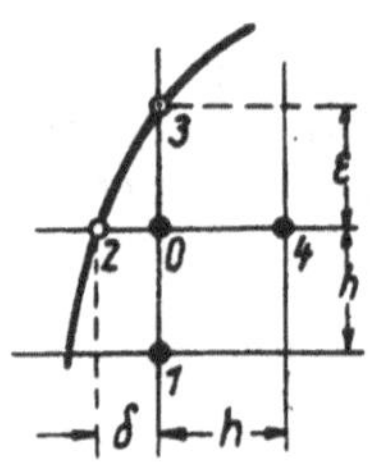	$u_0 = \frac{2h\varepsilon(h+\varepsilon)\varphi_2 + 2h\delta(h+\delta)\varphi_3 + 2\delta\varepsilon(h+\varepsilon)u_4 + 2\delta\varepsilon(h+\delta)u_1}{(h+\delta)(h+\varepsilon)[2\varepsilon+2\delta+\varepsilon\delta h g_0]} - \frac{\delta\varepsilon h f_0}{2\varepsilon+2\delta+\delta\varepsilon h g_0}$ [1])	h^3
4		$u_0 = \frac{\varepsilon}{\varepsilon+\delta}\,\frac{h\varphi_2+\delta u_4}{h+\delta} + \frac{\delta}{\varepsilon+\delta}\,\frac{h\varphi_3+\varepsilon u_1}{h+\varepsilon} - \frac{\delta\varepsilon h f_0}{2(\varepsilon+\delta)}$ [2])	
5	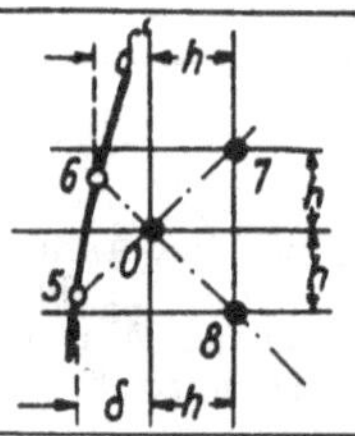	$u_0 = \frac{\delta'}{\delta+\delta'}\,\frac{h\varphi_5+\delta u_7}{h+\delta} + \frac{\delta}{\delta+\delta'}\,\frac{h\varphi_6+\delta' u_8}{h+\delta'} - \frac{h\delta\delta'}{\delta+\delta'} f_0$ [2]) für das Kreuzschema	h^3

Verbesserung der Konvergenz

a) Ausnutzung der gerade gefundenen Werte. Um die Konvergenz des Iterationsprozesses zu verbessern, kann man einen Kunstgriff anwenden, den man oft bei der Lösung von Gleichungssystemen nach dem Iterationsverfahren benutzt,

---

[1]) Die Formeln beziehen sich auf die Gleichung

$$\frac{\partial^2 u}{\partial x^2} + \frac{\partial^2 u}{\partial y^2} = g(x, y)\, u + f(x, y).$$

Im Falle der POISSONschen Gleichung ist $g \equiv 0$ zu setzen.

[2]) Die Formel ist für die POISSONsche Gleichung hingeschrieben.

nämlich: Bei der Berechnung der arithmetischen Mittel verwendet man nicht nur die Werte der vorhergehenden Näherung, sondern auch die neu gefundenen. Z. B. kann man die Berechnung des Wertes im Feld Nr. 23 (Abb. 25) der Schablone 2 auf zwei Weisen durchführen: Man nimmt das arithmetische Mittel der Felder 14, 22, 24, 34 der Schablone 1 oder Nr. 34 und 24 der Schablone 1 und Nr. 14 und 22 der Schablone 2, da sie schon vor der Berechnung des Feldes Nr. 23 gefunden sind. Offensichtlich führt die Berechnung nach der zweiten Variante schneller zum Ziel. Ein geübter Rechner wird in jedem Spezialfall auch andere derartige Möglichkeiten für die Beschleunigung des Konvergenzprozesses finden.

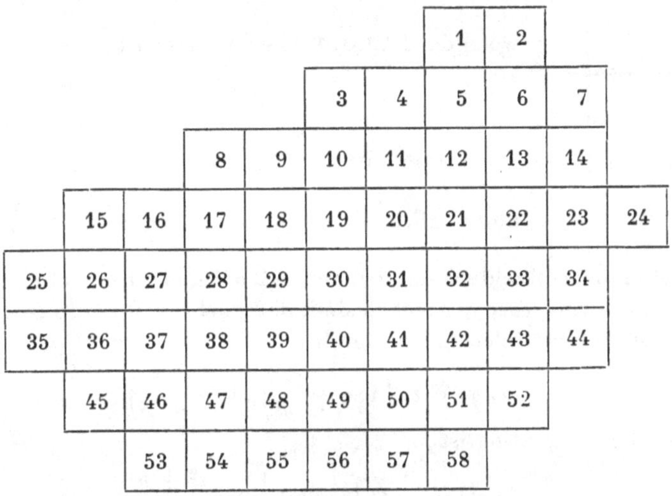

Abb. 25

Bei alledem muß man sich jedoch daran erinnern, daß der Prozeß erst dann als beendet angesehen werden kann, wenn innerhalb der gegebenen Genauigkeitsgrenzen zwei aufeinanderfolgende Schablonen übereinstimmen, die man nach der Methode der arithmetischen Mittel ohne die Kunstgriffe, die in diesem Abschnitt genannt sind, in dieser Genauigkeit erhält. Deshalb wird die Schlußprobe nach dem ursprünglichen Schema gemacht.

b) Berechnung der Korrekturen nach ORR. ORR schlägt in seiner Arbeit, die sich mit der Torsion von Stäben beschäftigt [16], folgendes Verfahren zur Beschleunigung des Konvergenzprozesses vor. Wir wollen bei Benutzung des Kreuzschemas jede Rechenoperation mit Hilfe der beiden Schablonen 1 und 2 als Zyklus bezeichnen. Es sei U_0 eine Näherungslösung im Punkte 0, u_0 die genaue Lösung, U_0' die Näherungslösung, die man aus U_0 nach einem Zyklus erhält. Dann ist offenbar

$$u_0 = U_0 + \varepsilon_0, \qquad u_0 = U_0' + \varepsilon_0',$$

wobei der Fehler ε_0' nach der Formel

$$\varepsilon_0' = \frac{1}{4} (\varepsilon_1 + \varepsilon_2 + \varepsilon_3 + \varepsilon_4)$$

gefunden wird. ε_i ist der Wert des Fehlers ε in dem zum Punkt 0 benachbart gelegenen Punkt mit der Nr. i (Abb. 26).

Betrachtet man den Fehler ε als Funktion von x und y, so kann man schreiben:

$$\varepsilon_1 \approx \varepsilon_0 - h\frac{\partial \varepsilon_0}{\partial y} + \frac{1}{2}\left(h^2 \frac{\partial^2 \varepsilon_0}{\partial y^2}\right), \qquad \varepsilon_2 \approx \varepsilon_0 - h\frac{\partial \varepsilon_0}{\partial x} + \frac{1}{2}\left(h^2 \frac{\partial^2 \varepsilon_0}{\partial x^2}\right),$$

$$\varepsilon_3 \approx \varepsilon_0 + h\frac{\partial \varepsilon_0}{\partial y} + \frac{1}{2}\left(h^2 \frac{\partial^2 \varepsilon_0}{\partial y^2}\right), \qquad \varepsilon_4 \approx \varepsilon_0 + h\frac{\partial \varepsilon_0}{\partial x} + \frac{1}{2}\left(h^2 \frac{\partial^2 \varepsilon_0}{\partial x^2}\right).$$

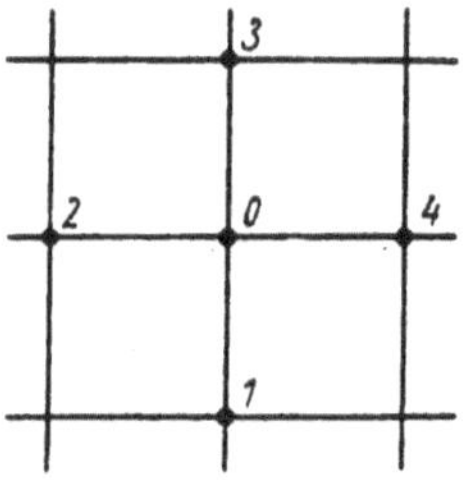

Abb. 26

Hieraus folgt
$$\varepsilon_0' \approx \varepsilon_0 + \frac{h^2}{4}\Delta\varepsilon_0,$$
wo Δ der LAPLACEsche Operator ist:
$$\Delta = \frac{\partial^2}{\partial x^2} + \frac{\partial^2}{\partial y^2}.$$
Andererseits ist
$$\varepsilon_0' - \varepsilon_0 = U_0 - U_0'$$
und folglich
$$U_0 - U_0' \approx \frac{h^2}{4}\Delta\varepsilon_0.$$

Betrachtet man das Rechteck mit den Seiten $2\,mh$ und $2\,nh$ (Abb. 27), auf dessen Rand die Funktionswerte u so gegeben sind, daß dort $\varepsilon = 0$ ist, so ist ein günstiger Näherungsausdruck in vielen Fällen durch

$$\varepsilon(x, y) = \varepsilon_0 \left(1 - \frac{x^2}{m^2 h^2}\right)\left(1 - \frac{y^2}{n^2 h^2}\right)$$

gegeben. Für diese Funktion ist

$$\frac{h^2}{4}\Delta\varepsilon = -\frac{1}{2}\varepsilon_0\left(\frac{1}{m^2} + \frac{1}{n^2} - \frac{x^2 + y^2}{m^2 n^2 h^2}\right), \tag{5}$$

und so erhält man unter der Annahme, daß der Fehler ε angenähert durch die Gleichung (5) gegeben ist:

$$\varepsilon_0 \approx -\frac{2(U_0 - U_0')}{\dfrac{1}{m^2} + \dfrac{1}{n^2}} = \frac{2(U_0' - U_0)}{\dfrac{1}{m_2} + \dfrac{1}{n^2}}. \tag{6}$$

JAMES ORR geht von diesen Überlegungen aus und schlägt vor, zur näherungsweisen Bestimmung von ε die angeführte Formel zu nehmen und eine genauere Näherung zu erhalten, indem man ε zu U hinzufügt. Falls die wirkliche Fehlerverteilung nahe bei der durch Formel (5) gegebenen liegt, so ist klar, daß dieses Verfahren den Lösungsprozeß sehr erleichtern muß, da man sofort Werte in der Nähe der endgültigen bekommt.

Wenn der Rand des Gebietes kein Rechteck ist, wird vorgeschlagen, ihn durch ein äquivalentes Rechteck zu ersetzen (siehe z. B. Abb. 28), das so gewählt wird, daß auf einem großen Teil seiner Begrenzung die Fehler nahezu Null sind. Dieses Verfahren kann man auch für einen Teil des Gebietes anwenden, wenn man dort solch ein Rechteck abtrennen kann, auf dessen Begrenzung die Fehler nahezu Null sind.

Da die Fehlerverteilung sich im allgemeinen von der in Formel (5) gegebenen unterscheidet, so schlägt ORR vor, eine andere Formel zu benutzen, die in Tabelle 14 angeführt ist und die von der theoretischen Formel (6) durch einen empirisch aufgestellten Koeffizienten abweicht.

c) Berechnung der Korrekturen nach LUSTERNIK. Die von L. A. LUSTERNIK in der Arbeit [38] erhaltene Formel lautet:

$$u_{ik} \approx U_{ik}^{(n)} - \frac{1}{1-\lambda^2}\left(U_{ik}^{(n)} - U_{ik}^{(n+2)}\right).$$

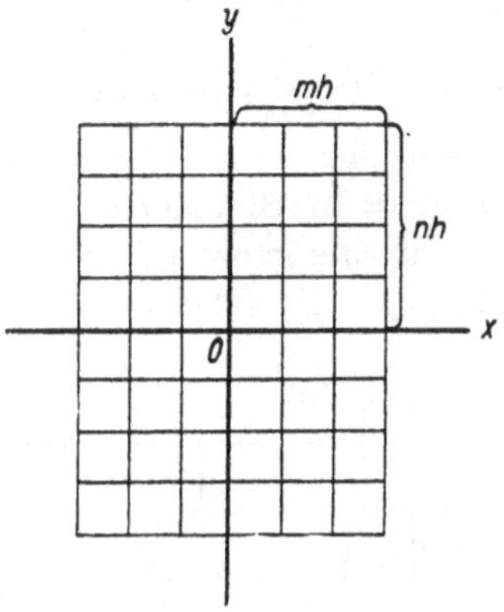

Abb. 27

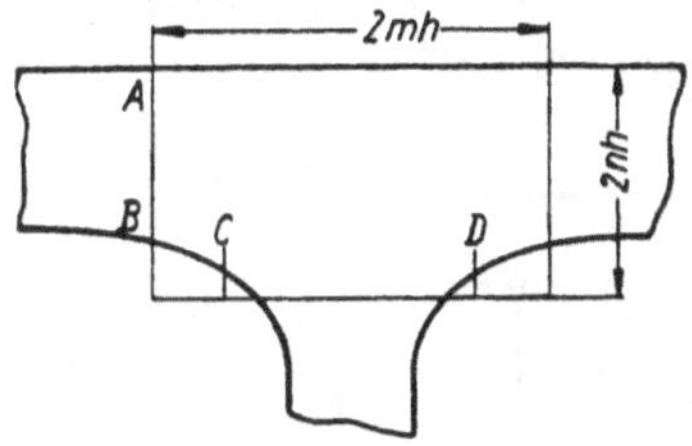

Abb. 28

Hier ist mit u_{ik} die genaue Lösung bezeichnet, mit $U_{ik}^{(n)}$ eine Näherungslösung, die man nach n Schritten erhält, und λ ist der Eigenwert der Aufgabe, den man aus

TABELLE 14

Formeln zur Berechnung der Korrekturen bei Benutzung des Kreuzschemas

Skizze	Reihenformel	Korrekturformel im Fall eines Rechtecks mit den Seiten $2mh$ und $2nh$
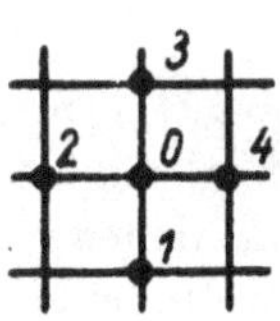	$U_0 =$ $= \frac{1}{4}[U_1+U_2+U_3+U_4]$	$\varepsilon_0 \approx \frac{2(U_0' - U_0)}{\frac{1}{m^2}+\frac{1}{n^2}}$ [1] Mit U_0' ist der Wert U im Punkte 0 nach einem Zyklus bezeichnet.
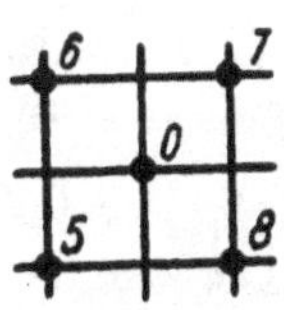	$U_0 =$ $= \frac{1}{4}[U_5+U_6+U_7+U_8]$	$\varepsilon_0 \approx \frac{1{,}5(U_0' - U_0)}{\frac{1}{m^2}+\frac{1}{n^2}}$ [2]

[1] Theoretische Formel.
[2] Koeffizient 1,5 von ORR vorgeschlagen an Stelle des theoretischen 1,0.

der Näherungsgleichung

$$1 + \lambda^2 = \frac{\sum\left(U_{ik}^{(n)} - U_{ik}^{(n+4)}\right)}{\sum\left(U_{ik}^{(n)} - U_{ik}^{(n+2)}\right)}$$

berechnet. Die Summation erstreckt sich über alle inneren Punkte des Gebietes. Die Berechnung der Korrekturen nach LUSTERNIK kann die Anzahl der Iterationen, die zur Lösung der Aufgabe notwendig sind, stark herabsetzen.

Beispiele zur Lösung der DIRICHLETschen Aufgabe

Beispiel 1. Es soll die LAPLACEsche Gleichung für ein Quadrat gelöst werden mit den Randwerten, die in Abb. 29 angegeben sind. In Abb. 30 ist die zur Lösung dienende Rechenschablone gezeigt. In Abb. 31 ist die ganze Lösung mittels Iterationsverfahren nach Formel 1 der Tabelle 11 gegeben, wobei zur Durchführung

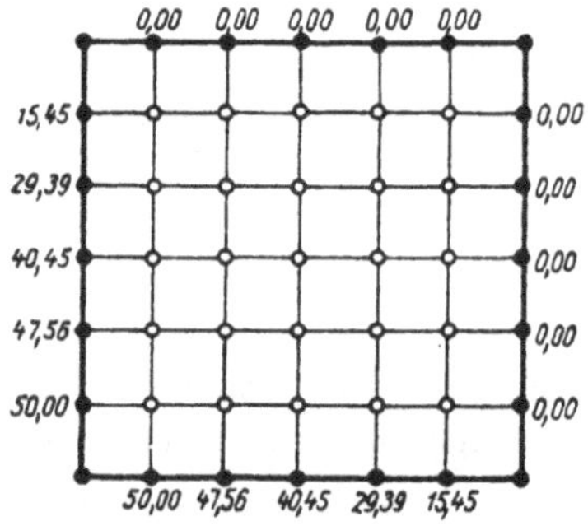

Abb. 29

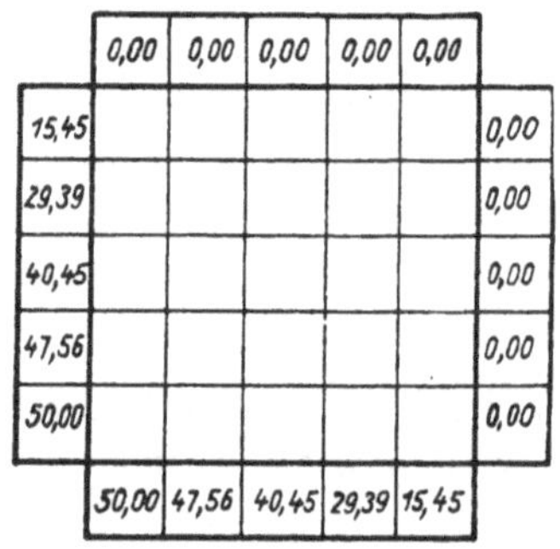

Abb. 30

keinerlei Kunstgriffe zur Verbesserung des Konvergenzprozesses verwendet sind. In Abb. 31,1 ist die Ausgangsnäherung gegeben; die übrigen Tabellen sind im Hinblick auf die Symmetrie nur zur Hälfte ausgefüllt. In Abb. 32 ist die endgültige Lösung gegeben.

Die *Verwendung der Korrekturen von* LUSTERNIK erlaubt in diesem Beispiel die notwendige Zahl der Iterationen wesentlich zu verringern [38]. Um die Formel von LUSTERNIK zu benutzen, muß man drei Näherungen nehmen, bei denen immer eine übersprungen ist; nehmen wir $n = 7,\ 9,\ 11$. Unter den Einzeltabellen von Bild 31 sind die Werte der Differenzen $U_{ik}^{(7)} - U_{ik}^{(9)}$ nnd $U_{ik}^{(7)} - U_{ik}^{(11)}$ (Tabelle 7—9 und 7—11, Seite 44/45) angeführt. Die Ausrechnung der Summen liefert:

$$\sum\left(U_{ik}^{(7)} - U_{ik}^{(9)}\right) = 2\,(0{,}07 + 0{,}12 + 0{,}12 + 0{,}10 + 0{,}12 + 0{,}21 + 0{,}22 + 0{,}16 + 0{,}25 + 0{,}14) + 0{,}006 + 0{,}18 + 0{,}27 + 0{,}24 + 0{,}08 = 3{,}85.$$

$$\sum\left(U_{ik}^{(7)} - U_{ik}^{(11)}\right) = 2\,(0{,}12 + 0{,}20 + 0{,}22 + 0{,}17 + 0{,}21 + 0{,}36 + 0{,}39 + 0{,}27 + 0{,}43 + 0{,}24) + 0{,}10 + 0{,}33 + 0{,}48 + 0{,}41 + 0{,}14 = 6{,}68.$$

Dann wird nach der Formel von LUSTERNIK

$$1 + \lambda^2 = \frac{6{,}68}{3{,}85} = 1{,}735$$

und folglich $$1 - \lambda^2 = 2 - 1{,}735 = 0{,}265;$$

$$\frac{1}{1 - \lambda^2} = \frac{1}{0{,}265} = 3{,}77.$$

In Tabelle A der Abb. 31 sind die Werte

$$U_{ik}^{(7)} - 3{,}77\,(U_{ik}^{(7)} - U_{ik}^{(9)})$$

gegeben und in Tabelle B die arithmetischen Mittel. Die erhaltenen Werte entsprechen der 26. Iteration. So erweist sich die Berechnung der Korrekturen von LUSTERNIK als äquivalent mit 14 Iterationen.

Beispiel 2. *Fehlerabschätzung mit Hilfe des RUNGEschen Prinzips.* In Abb. 34 ist die DIRICHLETsche Aufgabe für die LAPLACEsche Gleichung für ein Netzgebiet gelöst, das in Bild 33 dargestellt ist. Es ist ein Quadrat aus 10 mal 10 kleinen Quadraten. Es soll der Fehler der erhaltenen Lösung mit Hilfe des RUNGEschen Prinzips abgeschätzt werden. Hierfür lösen wir die Aufgabe erneut für ein Quadrat aus 5 mal 5 kleinen Quadraten (Abb. 35), indem wir von den Gitterpunkten des großen Quadrates einen über den anderen nehmen, wie dies die Skizze der Abb. 36 zeigt. Die Lösung dieser Aufgabe ist vollständig in Abb. 37 durchgeführt. Bild 37,1 gibt die Ausgangswerte, die aus den dick umrandeten Quadraten der Abb. 38 genommen sind. In Abb. 37,6 ist die endgültige Lösung gegeben, die mit den Zahlen verglichen werden soll, die in den in Abb. 38 umrandeten Quadraten stehen. Die Differenzen der Zahlen, die in entsprechenden Feldern stehen, sind in Abb. 39 gegeben. In Abb. 40 sind schließlich die ungefähren Fehler der Lösung für das Quadrat von 10 mal 10 Feldern (Abb. 34) zu finden, berechnet nach der Formel

$$\varepsilon_h \approx \frac{1}{3}\,(U_h - U_{2h}).$$

Beispiel 3 ([16], S. 6). *Verwendung der Korrekturen von ORR.* Es wird das Torsionsproblem für einen Doppel-T-Träger 16″ × 6″ gelöst. Das Torsionsproblem ist bekanntlich äquivalent der Lösung der POISSONschen Gleichung

$$\frac{\partial^2 u}{\partial x^2} + \frac{\partial^2 u}{\partial y^2} + 2 = 0$$

mit verschwindenden Randwerten.[1])

Die Lösung ist nach dem Kreuzschema unter Verwendung der Formel 2 der Tabelle 11 mit Verbesserung der Randwerte durchgeführt; h wird gleich 1 genommen. In Abb. 41 sind die endgültigen Werte der Funktion u angeführt, die die Lösung ergibt. In Abb. 41a ist in vergrößerter Form das Quadrat wiedergegeben, das in Abb. 41 oben umrandet ist. In diesem Quadrat wird die Berechnung der Korrekturen nach ORR gezeigt.[2])

---

[1]) Vgl. z. B. S. P. TIMOSCHENKO, Elastizitätstheorie, Teil I, 1934.

[2]) In Abb. 41a sind die Funktionswerte von u bei einer der Zwischenetappen der Rechnung gegeben.

1

12,88	10,30	7,72	5,15	2,58
24,54	19,69	14,85	10,00	5,15
34,05	27,65	21,25	14,85	7,72
40,92	34,29	27,65	19,69	10,30
45,46	40,92	34,05	24,54	12,88

2

12,57	10,07	7,58	5,08	2,58
24,00	19,34	14,66	10,00	
33,39	27,32	21,25		
40,34	34,28			
45,46				

3

12,38	9,87	7,45	5,04	2,54
23,67	19,01	14,54	9,87	
33,03	27,06	20,99		
40,17	33,83			
45,17				

4

12,25	9,71	7,36	4,96	2,52
23,45	18,78	14,33	9,79	
32,84	26,72	20,80		
39,90	33,62			
45,08				

5

12,15	9,60	7,25	4,92	2,48
23,32	18,55	14,18	9,64	
32,63	26,41	20,52		
39,78	33,31			
44,95				

6

12,09	9,49	7,18	4,84	2,46
23,18	18,40	13,99	9,55	
32,52	26,25	20,34		
39,61	33,14			
44,89				

7

12,03	9,42	7,08	4,80	2,42
23,10	18,23	13,87	9,42	
32,37	26,10	20,12		
39,53	32,93			
44,80				

8

11,99	9,34	7,02	4,73	2,40
23,00	18,12	13,71	9,34	
32,30	25,91	19,98		
39,42	32,82			
44,76				

Abb. 31

9

11,95	9,28	6,94	4,69	2,36
22,95	17,99	13,62	9,22	
32,20	25,80	19,81		
39,36	32,66			
44,71				

10

11,92	9,22	6,90	4,63	2,34
22,88	17,91	13,49	9,16	
32,14	25,66	19,71		
39,28	32,58			
44,68				

11

11,89	9,18	6,84	4,69	2,32
22,84	17,81	13,42	9,06	
32,07	25,58	19,58		
39,24	32,47			
44,64				

12

11,87	9,14	6,80	4,56	2,30
22,79	17,76	13,32	9,01	
32,03	25,48	19,50		
39,18	32,41			
44,62				

13

11,84	9,11	6,76	4,53	2,28
22,76	17,68	13,27	8,94	
31,98	25,42	19,40		
39,16	32,33			
44,59				

14

11,83	9,07	6,73	4,50	2,26
22,72	17,64	13,20	8,90	
31,95	25,35	19,34		
39,12	32,29			
44,58				

15

11,81	9,05	6,69	4,47	2,25
22,70	17,58	13,15	8,85	
31,91	25,30	19,28		
39,10	32,24			
44,56				

16

11,80	9,02	6,67	4,45	2,24
22,67	17,55	13,10	8,81	
31,89	25,25	19,22		
39,07	32,20			
44,55				

Abb. 31 Fortsetzung

17

11,78	9,00	6,64	4,43	2,22
22,66	17,51	13,06	8,78	
31,86	25,22	19,18		
39,05	32,16			
44,54				

18

11,78	8,98	6,62	4,41	2,22
22,64	17,48	13,03	8,74	
31,84	25,18	19,14		
39,03	32,14			
44,52				

19

11,77	8,97	6,60	4,40	2,20
22,62	17,46	13,00	8,72	
31,82	25,15	19,10		
39,02	32,10			
44,52				

20

11,76	8,96	6,59	4,38	2,20
22,61	17,44	12,97	8,70	
31,81	25,12	19,08		
39,00	32,08			
44,51				

21

11,76	8,95	6,58	4,37	2,19
22,60	17,42	12,95	8,68	
31,80	25,10	19,04		
38,99	32,06			
44,50				

22

11,75	8,94	6,57	4,36	2,18
22,59	17,40	12,93	8,66	
31,78	25,08	19,02		
38,98	32,04			
44,50				

23

11,74	8,93	6,56	4,35	2,18
22,58	17,38	12,91	8,64	
31,78	25,06	19,00		
38,97	32,03			
44,49				

24

11,74	8,92	6,55	4,34	2,18
22,57	17,37	12,90	8,63	
31,76	25,05	18,98		
38,96	32,02			
44,48				

Abb. 31 Fortsetzung

25

11,74	8,92	6,54	4,34	2,17
22,56	17,36	12,88	8,62	
31,76	25,03	18,98		
38,96	32,00			
44,48				

26

11,73	8,91	6,54	4,33	2,17
22,56	17,35	12,88	8,61	
31,75	25,02	18,96		
38,95	32,00			
44,48				

27

11,73	8,90	6,53	4,33	2,16
22,56	17,34	12,86	8,60	
31,74	25,02	18,95		
38,95	31,98			
44,48				

28

11,73	8,90	6,52	4,32	2,16
22,55	17,34	12,86	8,60	
31,74	25,00	18,94		
38,94	31,98			
44,48				

29

11,72	8,90	6,52	4,32	2,16
22,55	17,33	12,85	8,59	
31,74	25,00	18,93		
38,94	31,97			
44,47				

30

11,72	8,89	6,52	4,32	2,16
22,54	17,32	12,84	8,58	
31,74	24,99	18,92		
38,94	31,97			
44,47				

31

11,72	8,89	6,51	4,32	2,16
22,54	17,32	12,84	8,58	
31,73	24,99	18,92		
38,94	31,95			
44,47				

32

11,72	8,89	6,51	4,31	2,16
22,54	17,32	12,83	8,58	
31,73	24,98	18,92		
38,93	31,96			
44,47				

Abb. 31 Fortsetzung

33

11,72	8,89	6,51	4,31	2,16
22,54	17,31	12,83	8,57	
31,72	24,98	18,09		
38,93	31,96			
44,46				

34

11,72	8,88	6,51	4,31	2,16
22,54	17,31	12,82	8,57	
31,72	24,97	18,90		
38,92	31,96			
44,46				

35

11,72	8,88	6,50	4,31	2,16
22,54	17,30	12,82	8,56	
31,72	24,97	18,90		
38,92	31,94			
44,46				

36

11,72	8,88	6,50	4,30	2,16
22,53	17,30	12,82	8,56	
31,72	24,96	18,90		
38,92	31,94			
44,46				

37

11,72	8,88	6,50	4,30	2,15
22,53	17,30	12,82	8,56	
31,72	24,96	18,89		
38,92	31,94			
44,46				

38

11,72	8,88	6,50	4,30	2,15
22,53	17,30	12,81	8,56	
31,72	24,96	18,89		
38,92	31,94			
44,46				

39

11,72	8,88	6,50	4,30	2,15
22,53	17,30	12,81	8,56	
31,72	24,96	18,88		
38,92	31,94			
44,46				

40

11,72	8,88	6,50	4,30	2,15
22,53	17,30	12,81	8,56	
31,72	24,96	18,88		
38,92	31,94			
44,46				

Abb. 31 Fortsetzung

7—9

0,07	0,12	0,12	0,10	0,06
0,12	0,21	0,22	0,18	
0,16	0,25	0,27		
0,14	0,24			
0,08				

7—11

0,12	0,20	0,22	0,17	0,10
0,21	0,36	0,39	0,33	
0,27	0,43	0,48		
0,24	0,41			
0,14				

A

11,73	8,89	6,57	4,35	2,17
22,58	17,33	12,88	8,66	
31,70	24,97	18,96		
38,89	31,92			
44,46				

B

11,72	8,91	6,53	4,35	2,17
22,54	17,32	12,88	8,62	
31,71	24,98	18,93		
38,91	31,93			
44,45				

Abb. 31

	0,00	0,00	0,00	0,00	0,00	
15,45	11,72	8,88	6,50	4,30	2,15	0,00
29,39	22,53	17,30	12,81	8,56	4,30	0,00
40,45	31,72	24,96	18,88	12,81	6,50	0,00
47,56	38,92	31,94	24,96	17,30	8,88	0,00
50,00	44,46	38,92	31,72	22,53	11,72	0,00
	50,00	47,56	40,45	29,39	15,45	

Abb. 32

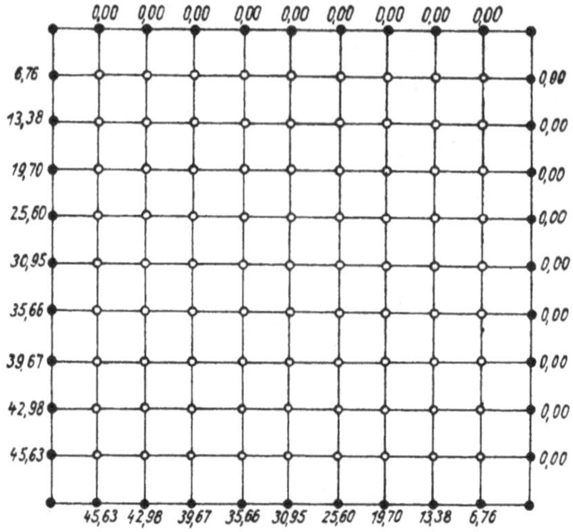

Abb. 33

	0,00	0,00	0,00	0,00	0,00	0,00	0,00	0,00	0,00	
6,76	5,86	5,06	4,34	3,68	3,04	2,42	1,82	1,21	0,60	
13,38	11,60	10,04	8,63	7,32	6,06	4,84	3,63	2,42		
19,70	17,12	14,86	12,81	10,89	9,04	7,23	5,43			
25,60	22,34	19,47	16,85	14,38	11,98	9,60				
30,95	27,17	23,82	20,73	17,78	14,88					
35,66	31,65	27,89	24,46	21,12						
39,67	35,50	31,72	28,09							
42,98	39,05	35,38								
45,63	42,34									

Abb. 34

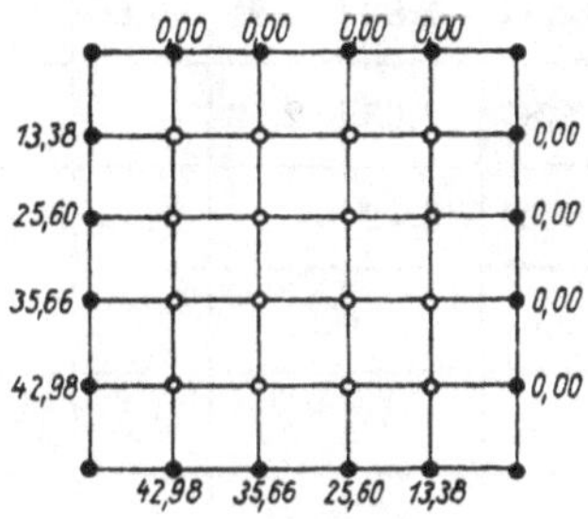

Abb. 35

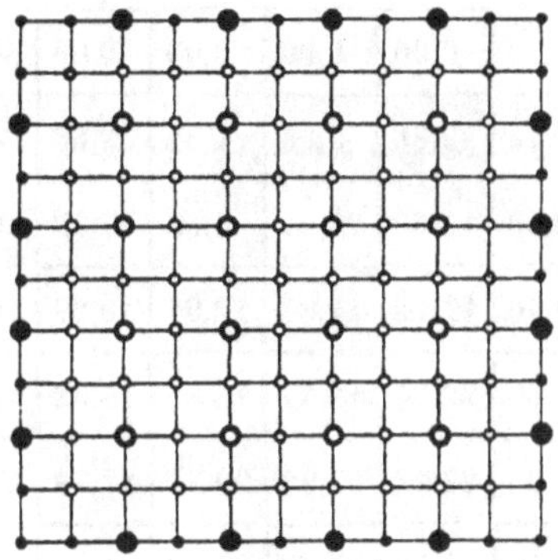

Abb. 36

1

	0,00	0,00	0,00	0,00	
13,38	10,04	7,32	4,84	2,42	0,00
25,60	19,47	14,38	9,60	4,84	0,00
35,66	27,89	21,12	14,38	7,32	0,00
42,98	35,38	27,89	19,47	10,04	0,00
	42,98	35,66	25,60	13,38	

2

10,04	7,32	4,84	2,42
19,48	14,38	9,61	
27,91	21,14		
35,44			

3

10,05	7,32	4,84	2,42
19,48	14,39	9,61	
27,93	21,15		
35,45			

4

10,05	7,32	4,84	2,42
19,49	14,39	9,62	
27,94	21,16		
35,46			

5

10,05	7,32	4,84	2,42
19,50	14,40	9,62	
27,94	21,17		
35,46			

6

	0,00	0,00	0,00	0,00
13,38	10,05	7,32	4,84	2,42
25,60	19,50	14,40	9,62	
35,66	27,95	21,17		
42,98	35,46			

Abb. 37

	0,00	0,00	0,00	0,00	0,00	0,00	0,00	0,00	0,00	
6,76	5,86	5,06	4,34	3,68	3,04	2,42	1,82	1,21	0,60	
13,38	11,60	10,04	8,63	7,32	6,06	4,84	3,63	2,42		
19,70	17,12	14,86	12,81	10,89	9,04	7,23	5,43			
25,60	22,34	19,47	16,85	14,38	11,98	9,60				
30,95	27,17	23,82	20,73	17,78	14,88					
35,66	31,56	27,89	24,46	21,12						
39,67	35,50	31,72	28,09							
42,98	39,05	35,38								
45,63	42,34									

Abb. 38

0,01	0,00	0,00	0,00
0,03	0,02	0,02	
0,06	0,05		
0,08			

Abb. 39

	0,003		0,000		0,000		0,000	
	0,010		0,007		0,007			
	0,020		0,017					
	0,027							

Abb. 40

Im Mittelpunkt haben wir $u^{(1)} = 19{,}0;$

der erste Zyklus gibt den Zuwachs $\delta_1 = 0{,}2,$

der zweite $\delta_2 = 0{,}4.$

Statt mit $u^{(3)} = 19{,}0 + 0{,}2 + 0{,}4$

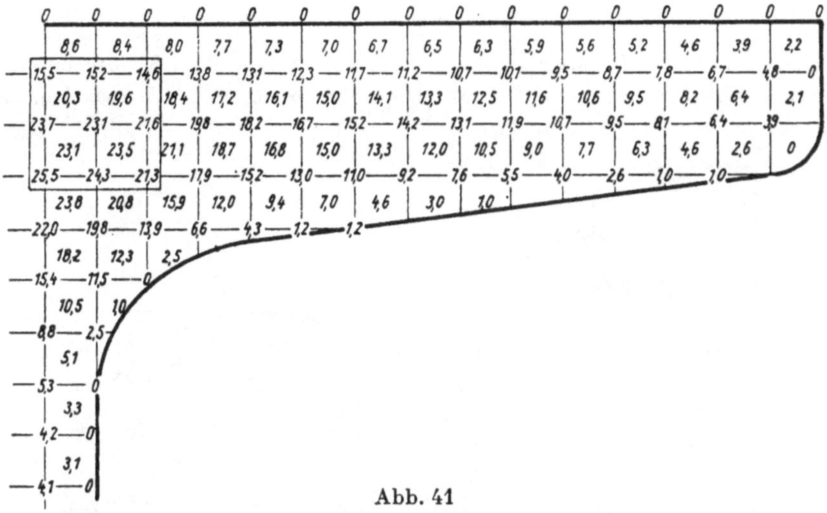

Abb. 41

zu rechnen, berechnen wir die Korrektur von ORR. Nach Formel 2 der Tabelle 14 finden wir bei den im vorliegenden Fall angenommenen Seitenlängen des Rechtecks, auf dessen Rand die Fehler ungefähr gleich Null sind,

$$2m = 6, \qquad 2n = 5,$$

folgendes Verhältnis zwischen dem Fehler ε und der Differenz δ nach einem Zyklus:

$$\varepsilon \approx 6(U' - U) = 6\delta.$$

Da nach Definition

$$u = U + \varepsilon$$

ist, so erhalten wir an Stelle von $u^{(3)}$ eine bessere Näherung, wenn wir

$$u^{(3)} = u^{(1)} + \delta_1 + \delta_2 + \varepsilon =$$
$$= u^{(1)} + \delta_1 + \delta_2 + 6\delta_2 =$$
$$= 19{,}0 + 0{,}2 + 0{,}4 + 6 \cdot 0{,}4 = 22{,}0$$

setzen. Dieser Wert ist auch gerade im Mittelpunkt der Abb. 41a angeschrieben.

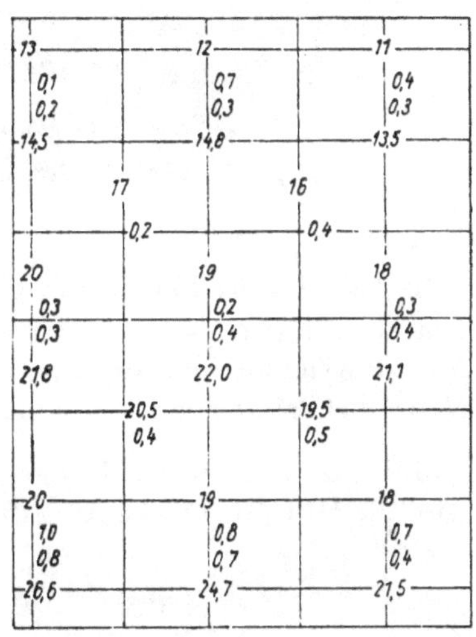

Abb. 41a

Er unterscheidet sich schon relativ wenig von dem endgültigen Wert 23,1 in diesem Punkt, den man im Mittelpunkt des umrandeten Quadrates des Hauptbildes 41 sehen kann.

Beispiel 4 ([16], S. 11). *Verfeinerung des Netzes.* Torsion einer Welle mit Keilnut. Wie im vorhergehenden Beispiel handelt es sich um die Lösung der POISSONschen Gleichung

$$\frac{\partial^2 u}{\partial x^2} + \frac{\partial^2 u}{\partial y^2} + 2 = 0$$

mit verschwindenden Randwerten. Die Lösung wird nach dem Kreuzschema unter Benutzung von Formel 2 der Tabelle 11 durchgeführt; es ist $h = 1$ (Radius der Welle gleich 10).

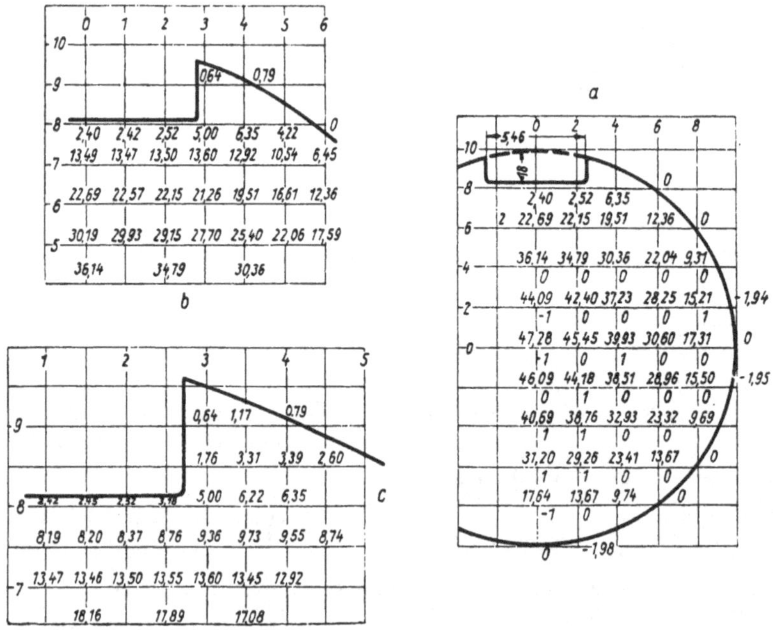

Abb. 42

In Abb. 42a ist die endgültige Lösung gegeben. Um eine genauere Vorstellung von der Änderung der Funktion u bei der einspringenden Ecke der keilförmigen Nut zu erhalten, sind die Ergebnisse, die man bei wiederholter Verfeinerung des Netzes bekommt, für $h = 0{,}5$ in Abb. 42b und für $h = 0{,}25$ in Abb. 42c angegeben.

Beispiel 5 ([29], S. 68). *Verbesserung der Randwerte nach MIKELADSE.* Gelöst wird die DIRICHLETsche Aufgabe für eine Ellipse für die Gleichung

$$\frac{\partial^2 u}{\partial x^2} + \frac{\partial^2 u}{\partial y^2} = 6{,}25 u + 40(x-1)\, e^{-2{,}5\, x}.$$

Auf dem Rande der Ellipse $\quad 4x^2 + 16y^2 = 1$

soll die gesuchte Funktion u gleich Null sein. Die Lösung wird mit einer kleinen Zahl von Punkten (32 Punkte im Innern der Ellipse, siehe Abb. 43) durchgeführt, und daher ist es notwendig, die Randwerte möglichst genau zu verbessern. Die Verteilung der Gitterpunkte in der Ellipse ist in Abb. 43 gezeigt; die Seite des Quadrates sei $h = 0{,}1$. Aus Symmetriegründen genügt es, u in der Hälfte der Ellipse zu suchen — also in den Gitterpunkten 1—16. Dabei muß man in den Punkten 1—7, 8 und 16, die den Randpunkten I—XI benachbart sind und den Rand des Netzgebietes bilden, eine Verbesserung der Randwerte durchführen. Weil sehr wenig Gitterpunkte genommen werden, werden für diese Operation die genaueren Formeln von MIKELADSE benutzt. Die Lösung wird nach folgenden Formeln durchgeführt:

a) Für die inneren Punkte 9—15. Da die gegebene Gleichung die Form

$$\frac{\partial^2 u}{\partial x^2} + \frac{\partial^2 u}{\partial y^2} = g(x, y)\, u + f(x, y)$$

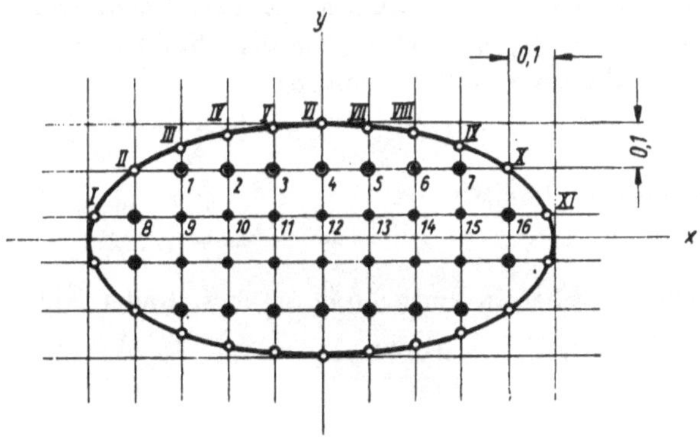

Abb. 43

hat, so erhalten wir beim Übergang zu Differenzen nach den Formeln 5 und 8 der Tabelle 8

$$\frac{u_{i+1,k} + u_{i-1,k} + u_{i,k+1} + u_{i,k-1} - 4u_{ik}}{h^2} = g_{ik}\, u_{ik} + f_{ik}$$

und daraus $$u_{ik} = \frac{u_{i+1,k} + u_{i-1,k} + u_{i,k+1} + u_{i,k-1}}{4 + h^2 g_{ik}} - \frac{h^2 f_{ik}}{4 + h^2 g_{ik}}.$$

Somit werden wir in jedem inneren Punkt eine Gleichung von der Form

$$u_0 = \frac{u_1 + u_2 + u_3 + u_4}{4 + h^2 g_0} - \frac{h^2 f_0}{4 + h^2 f_0}$$

haben, wenn wir, wie gewöhnlich, mit den Indizes 1, 2, 3 und 4 die Punkte bezeichnen, die dem Punkte u_0 benachbart sind.

In unserem Falle ist $\quad g(x, y) = \text{const},$

und zwar in allen Punkten $\quad g_0 = 6{,}25.$

Somit wird $4 + h^2 g_0 = 4 + 0{,}1^2 \cdot 6{,}25 = 4{,}0625,$

und die Gleichung sieht schließlich folgendermaßen aus:

$$u_0 = \frac{u_1 + u_2 + u_3 + u_4}{4{,}0625} - \frac{0{,}01 f_0}{4{,}0625} = 0{,}24615\,(u_1 + u_2 + u_3 + u_4) - 0{,}0024615 f_0.$$

Nun gibt für jeden Punkt 9—15 ein Nachbarpunkt aus Symmetriegründen genau denselben Funktionswert. Mit unseren Bezeichnungen kann man dies so schreiben:

$$u_0 = u_1$$

und folglich ist: $u_0 = 0{,}32652\,(u_2 + u_3 + u_4) - 0{,}0032652\, f_0.$

b) Für die Randpunkte 1—7, 8 und 16. Wir benutzen Formel 1 der Tabelle 13 für die Punkte 2—6, und Formel 3 derselben Tabelle für die Punkte 1, 7, 8 und 16. Für jeden dieser Punkte müssen die Abstände bis zum nächsten Punkte auf dem Rande der Ellipse berechnet werden. So muß man z. B. für den Punkt 7 die Abstände bis zu den Punkten IX und X berechnen. Die Koordinaten des Punktes IX sind: $x = 0{,}30$; $y = 0{,}20$. Für den Punkt X haben wir $x = 0{,}40$; $y = 0{,}15$. Somit erhalten wir in der Formel 3:

$$\delta = 0{,}05; \qquad \varepsilon = 0{,}10$$[1]).

Der Wert $f(x, y)$ im Punkte 7 wird

$$f_7 = 40\,(0{,}3 - 1)\, e^{-2{,}5 \cdot 0{,}3} = -\,13{,}227.$$

Wenn man alle diese Größen in Formel 3 einsetzt, so finden wir

$$u_7 = \frac{0{,}0075 u_6 + 0{,}02 \varphi_{IX} + 0{,}0075 \varphi_X + 0{,}01 u_{15}}{0{,}045469} - \frac{0{,}0005\,(-\,13{,}227)}{0{,}30312} =$$

$$= 0{,}16495 u_6 + 0{,}21993 u_{15} + 0{,}02182,$$

weil $\varphi_{IX} = \varphi_X = 0.$

TABELLE 15

1	2	3	4	5	6	7
0,58916	0,78655	0,76584	0,63631	0,46472	0,28962	0,13162
(0,59276)	(0,79139)	(0,77042)	(0,64000)	(0,46728)	(0,29113)	(0,13226)

8	9	10	11	12	13	14	15	16
0,86783	1,26332	1,31118	1,17433	0,95448	0,71255	0,48271	0,28206	0,11722
(0,86985)	(1,27020)	(1,31898)	(1,18131)	(0,96000)	(0,71650)	(0,48522)	(0,28342)	(0,11772)

[1]) Man muß im Auge haben, daß bei $\varepsilon = h$ Formel 3 der Tabelle 13 in Formel 1 übergeht, wie dies auch sein muß — natürlich mit Ersatz des Wertes u_1 in Formel 1 durch den Randwert φ_3.

Auf diesem Wege erhält man das folgende Gleichungssystem:

$$\begin{aligned}
u_1 &= 0{,}21993\, u_9 + 0{,}16495\, u_2 + 0{,}18158;\\
u_2 &= 0{,}24325 u_{10} + 0{,}21786(u_1 + u_3) + 0{,}17241;\\
u_3 &= 0{,}24609 u_{11} + 0{,}23988(u_2 + u_4) + 0{,}13553;\\
u_4 &= 0{,}24615(u_3 + u_5 + u_{12}) + 0{,}09846;\\
u_5 &= 0{,}24609 u_{13} + 0{,}23988\,(u_4 + u_6) + 0{,}06726;\\
u_6 &= 0{,}24325 u_{14} + 0{,}21786(u_5 + u_7) + 0{,}04228;\\
u_7 &= 0{,}21993 u_{15} + 0{,}16495\, u_6 + 0{,}02182;\\
u_8 &= 0{,}32039 u_9 + 0{,}46307;\\
u_9 &= 0{,}32652(u_1 + u_8 + u_{10}) + 0{,}35946;\\
u_{10} &= 0{,}32652(u_2 + u_9 + u_{11}) + 0{,}25841;\\
u_{11} &= 0{,}32652(u_3 + u_{10} + u_{12}) + 0{,}18448;\\
u_{12} &= 0{,}32652(u_4 + u_{11} + u_{13}) + 0{,}13061;\\
u_{13} &= 0{,}32652(u_5 + u_{12} + u_{14}) + 0{,}09154;\\
u_{14} &= 0{,}32652(u_6 + u_{13} + u_{15}) + 0{,}06338;\\
u_{15} &= 0{,}32652(u_7 + u_{14} + u_{16}) + 0{,}04319;\\
u_{16} &= 0{,}32039 u_{15} + 0{,}02685.
\end{aligned}$$

Indem man, wie immer, das System nach der Iterationsmethode auflöst, erhält man die in Tabelle 15 angegebenen Werte. Zum Vergleich sind in den gleichen Feldern in Klammern die genauen Werte angegeben.

3. *Die NEUMANNsche Aufgabe und die dritte Randwertaufgabe*

Die NEUMANNsche Aufgabe. In der NEUMANNschen Aufgabe sind am Rande des Gebietes G nicht die Werte der Funktion selbst, sondern ihrer Normalen-Ableitung gegeben:

$$\frac{\partial u}{\partial n} = \frac{\partial u}{\partial x} \cos \alpha + \frac{\partial u}{\partial y} \sin \alpha .$$

Dabei ist α der Winkel der Normalen auf dem Rande des Gebietes mit der Achse $0x$. Damit die Aufgabe eine eindeutige Lösung hat, muß

$$\int_c \frac{\partial u}{\partial n}\, ds = 0 \tag{7}$$

sein, und außerdem muß in irgendeinem Randpunkt oder in einem Punkte im Innern des Gebietes der Funktionswert gegeben sein.

Für die Näherungslösung dieser Aufgabe macht man, ebenso wie auch im Falle der DIRICHLETschen Aufgabe, den Übergang zum Netz (Ausführliches darüber siehe unten) und rechnet, daß am Rande des Netzgebietes $\overline{G}$ die Normalen-Differenz

$$u_\nu = u_0 - u_1 \tag{8}$$

gegeben sei; dabei sei mit u_0 der Wert u auf dem Rande und mit u_1 der Wert in dem Punkte im Innern des Gebietes bezeichnet, der dem betrachteten Randpunkte am nächsten liegt (Abb. 44).

Die Bedingung (7) wird durch die folgende ersetzt:

$$\sum u_\nu = 0,$$

wobei die Summation über den gesamten Rand des Gebietes $\overline{G}$ erstreckt sei. Die Werte der Normalen-Differenz werden beim Übergang vom Gebiet G zum Gebiet $\overline{G}$, ebenso wie die Werte der Funktion selbst im Falle der DIRICHLETschen Aufgabe, nach der Formel

$$u_\nu = h \frac{\partial u}{\partial n}$$

bestimmt, beispielsweise durch Extrapolation (Interpolation) aus den gegebenen Werten u am Rande von G. Hier ist mit n die Größe einer Seite des quadratischen Netzes bezeichnet in genau denselben Einheiten, in denen $\frac{\partial u}{\partial n}$ berechnet war. Die Ableitung wird in Richtung nach der äußeren Normalen gezählt.

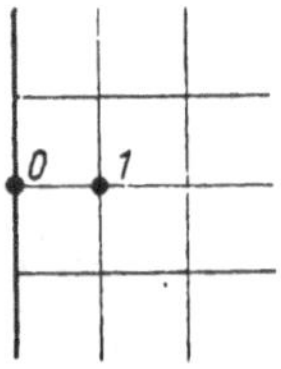

Abb. 44

Wir zeigen, wie die NEUMANNsche Aufgabe bei der angenäherten Lösung auf die DIRICHLETsche Aufgabe zurückgeführt wird. Wir geben als erste Näherung irgendwelche willkürlich gewählten Werte $u_0^{(1)}$ der Funktion u auf dem Rande von $\overline{G}$ vor. Für diese Werte lösen wir die DIRICHLETsche Aufgabe. Nachdem wir die Lösung gefunden haben, kennen wir die Werte der Funktion u in allen inneren Punkten des Gebietes und können u_ν nach Formel (8) finden. Diese Werte u_ν sind natürlich von den gegebenen Werten verschieden. Um diesen Unterschied zu glätten, ändern wir die Werte am Rande, indem wir

$$u_0^{(2)} = u_\nu + u_1^{(1)}$$

setzen. Hierbei ist u_ν die gegebene Normalen-Differenz, und $u_1^{(1)}$ der Wert der Funktion $u^{(1)}$, die durch die Randwerte $u_0^{(1)}$ in den Nachbarpunkten des Randes bestimmt ist. Für diese neuen Randwerte $u_0^{(2)}$ lösen wir wiederum die DIRICHLETsche Aufgabe und finden neue Werte $u_1^{(2)}$ der Funktion $u^{(2)}$ in den Punkten, die dem Rande am nächsten liegen. Dann setzen wir

$$u_0^{(3)} = u_\nu + u_1^{(2)}$$

usw. Die allgemeine Formel lautet:

$$u_0^{(n+1)} = u_\nu + u_1^{(n)} \tag{9}$$

Die Folge wird konvergieren und die Funktion u bestimmen, die als Lösung der NEUMANNschen Aufgabe dient. Um die endgültige Lösung zu erhalten, muß man noch sehen, wie weit der gefundene Wert u in jedem Punkte, in dem von vornherein der Funktionswert selbst gegeben war, von diesem Wert abweicht, und diese Differenz zu allen gefundenen Werten hinzufügen. Somit ist die Lösung der

NEUMANNschen Aufgabe auf die Lösung einer Reihe DIRICHLETscher Aufgaben zurückgeführt.

In der Praxis wäre es allerdings unzweckmäßig, die Zahlenrechnung so durchzuführen, daß man für jedes neue $u_0^{(n)}$ am Rande die DIRICHLETsche Aufgabe bis zu Ende durchrechnet. Man wird so verfahren: Wenn man die aufeinanderfolgenden Systeme der arithmetischen Mittelwerte für die Lösung der DIRICHLETschen Aufgabe berechnet, muß man nach Formel (9) gleichzeitig auch die Randwerte verbessern. Bei diesem Verfahren wird also die Lösung der DIRICHLETschen Aufgabe und die Verbesserung der Randwerte gleichzeitig vorangetrieben, was eine große Ersparnis an Rechenarbeit gibt.

Übergang zum Netzgebiet. Im Falle der NEUMANNschen Aufgabe oder der dritten Randwertaufgabe wird die Frage des Überganges von dem gegebenen Rande des Gebietes zum Netzrande sehr verwickelt, weil in den Randbedingungen Ableitungen in Richtung der Normalen auftreten. Bei diesem Übergang muß die Normalen-Ableitung durch Differenzen in Richtung der Netzlinien ersetzt werden. Die allgemeine Formel ([7], S. 192), mit deren Hilfe dieser Ersatz durchgeführt wird, ist folgende:

$$\frac{\partial u}{\partial n} \approx \frac{1}{\sin(\alpha+\beta)}\left[\frac{u_0-u_1}{l_1}\sin\alpha + \frac{u_0-u_2}{l_2}\sin\beta\right]. \tag{10}$$

Darin sind α und β die Winkel der Normalen mit zwei Richtungen durch Netzpunkte (siehe Abb. 45), u_0, u_1, u_2 die Funktionswerte in den Punkten, die durch die Ziffern 0, 1 und 2 gekennzeichnet sind (wobei der Punkt 0 auf dem Rande liegt), l_1 und l_2 der Abstand der Punkte 1 und 2 vom Punkt 0; die Ableitung ist in Richtung der äußeren Normalen genommen.[1])

In den am häufigsten vorkommenden Sonderfällen nimmt die Formel (10) eine einfachere Gestalt an, wie in der Tabelle 16 gezeigt wird.

Man muß allerdings darauf hinweisen, daß bis heute die Frage des Überganges von den Randbedingungen des gegebenen Gebietes zu den Randbedingungen auf dem Netz in jedem Fall, wenn in diese Bedingungen die Normalen-Ableitung eingeht, überaus schlecht ausgearbeitet ist. In allen bis heute gelösten Aufgaben dieser Art fällt der gegebene Rand einfach mit dem Netzrand zusammen, so daß die Notwendigkeit des Überganges entfällt.

Rechenschema. Für die numerische Lösung der NEUMANNschen Aufgabe muß man, ebenso wie für die Lösung der DIRICHLETschen Aufgabe, eine Schablone anfertigen, aber jetzt nicht mehr nach Abb. 21c, weil nicht nur die inneren, sondern auch die Randwerte verbessert werden. Die erste Schablone hat die in Abb. 46 dargestellte Form. Die äußerste Netzreihe ist zum Eintragen der gegebenen Normalen-Differenzen bestimmt. Die Pfeile zeigen, zu welchem Randpunkt jede Differenz gehört. Im übrigen erfolgen die Rechnungen in genau derselben Reihenfolge wie bei Lösung der DIRICHLETschen Aufgabe; wir brauchen deshalb nicht näher darauf einzugehen.

[1]) In [7] wird die Ableitung der inneren Normalen genommen. Dadurch erklärt sich der Unterschied in den Vorzeichen zwischen unseren Formeln und den Formeln jenes Buches.

TABELLE 16

Formeln für den Ersatz der Normalen-Ableitung durch Differenzen

Nr.	Netz	Skizze	Formel
1	quadratisch	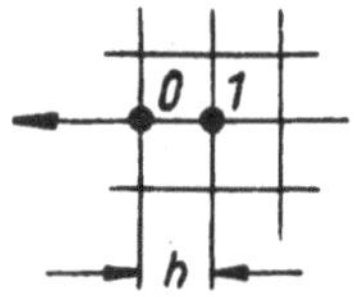	$\frac{\partial u}{\partial n} \approx \frac{u_0 - u_1}{h}$
2	quadratisch	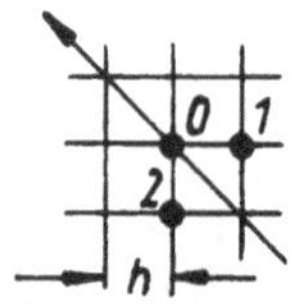	$\frac{\partial u}{\partial n} \approx \frac{\sqrt{2}}{2}\left[\frac{u_0 - u_1}{h} + \frac{u_0 - u_2}{h}\right]$
3	quadratisch	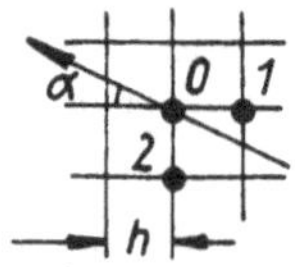	$\frac{\partial u}{\partial n} \approx \frac{u_0 - u_1}{h} \sin\alpha + \frac{u_0 - u_2}{h} \cos\alpha$
4	rechteckig	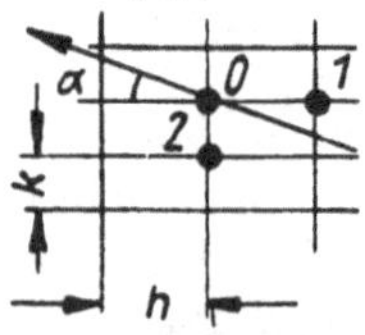	$\frac{\partial u}{\partial n} \approx \frac{u_0 - u_1}{h} \sin\alpha + \frac{u_0 - u_2}{k} \cos\alpha$
5	gleichseitiges Dreieck	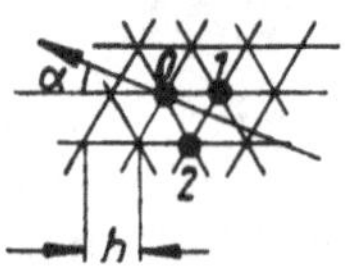	$\frac{\partial u}{\partial n} \approx \frac{2\sqrt{3}}{3}\left[\frac{u_0 - u_1}{h} \sin\alpha + \right.$ $\left. + \frac{u_0 - u_2}{h} \sin\left(\frac{\pi}{3} - \alpha\right)\right]$

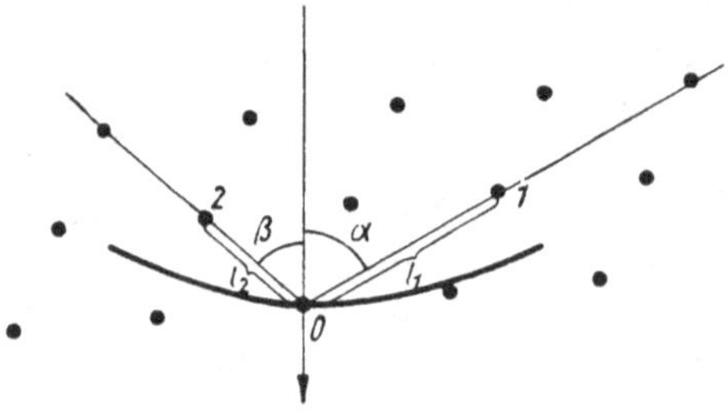

Abb. 45

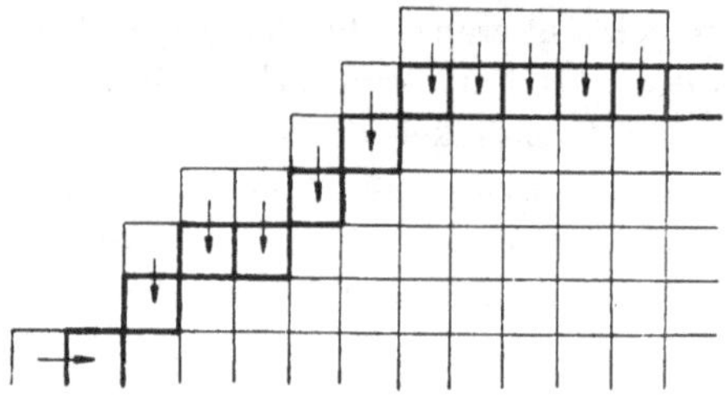

Abb. 46

Dritte Randwertaufgabe. In der dritten Randwertaufgabe haben wir folgende Randbedingung für die Funktion u:

$$au + b\frac{\partial u}{\partial n} = c. \tag{11}$$

Hierin sind a, b, c bekannte Funktionen, definiert für jeden Randpunkt des Gebietes G, innerhalb dessen die Funktion u gesucht wird, und mit $\frac{\partial u}{\partial n}$ wird die Ableitung dieser Funktion nach der äußeren Normalen auf dem Rande von G bezeichnet. Damit die Aufgabe eine eindeutige Lösung hat, setzen wir voraus, daß die Funktionen a und b in allen Randpunkten ein und dieselben Vorzeichen haben und nicht gleichzeitig Null werden.

Für die Näherungslösung dieser Aufgabe gehen wir wieder zu einem Netzgebiet $\bar{G}$ über, indem wir die Randbedingungen (11) folgendermaßen ersetzen:

$$a u_0 + b \frac{u_\nu}{h} = c. \tag{12}$$

Hierin ist u_ν die Normalen-Differenz

$$u_\nu = u_0 - u_1$$

und mit h wird, wie gewöhnlich, die Seite des Quadratnetzes bezeichnet.

Bezeichnet man mit $\varkappa$ die Größe $\frac{b}{h}$, so können wir (12) in der Form schreiben:

$$a u_0 + \varkappa u_\nu = c$$

oder

$$a u_0 + \varkappa (u_0 - u_1) = c$$

oder schließlich

$$u_0 = \frac{c + \varkappa u_1}{a + \varkappa}. \tag{13}$$

Diese Beziehung muß auf dem Rande des Gebietes $\bar{G}$ erfüllt sein. Die Lösung selbst ist vollkommen analog der Lösung der NEUMANNschen Aufgabe, mit dem einen Unterschied, daß wir, als wir die NEUMANNsche Aufgabe lösten, die neuen Randwerte aus der Beziehung

$$u_0^{(n+1)} = u_\nu + u_1^{(n)}$$

bestimmten (darin wurden mit u_ν die gegebenen Werte der Normalen-Differenz bezeichnet), während wir sie jetzt aus der Formel

$$u_0^{(n+1)} = \frac{c + \varkappa u_1^{(n)}}{a + \varkappa}$$

bestimmen, die eine Folge von (13) ist.[1])

Beispiele zur Lösung der NEUMANNschen und der dritten Randwertaufgabe

Beispiel 1 ([25], S. 136). *Lösung der NEUMANNschen Aufgabe für ein Quadrat.* In Abb. 47,0 sind die Normalen-Differenzen nach der inneren Normalen gegeben; in der linken oberen Ecke der Schablone ist der Wert der gesuchten Funktion zu $u = 50$ gegeben.

[1]) Das Rechenschema ist genau dasselbe wie für die NEUMANNsche Aufgabe.

Die Lösung ist durchgeführt ohne jeden Kunstgriff, der die Konvergenz verbessern könnte, nach Formel 1 der Tabelle 9. Die Randwerte werden erst verbessert, nachdem die DIRICHLETsche Aufgabe für die jeweiligen Ausgangswerte bis zum Ende gelöst ist.

In Abb. 47,1 ist die Anfangsverteilung der Werte (Funktion $u^{(1)}$) gegeben, in Abb. 47,2 sind die Randwerte so verbessert, daß man die notwendigen Normalen-

	0	10	11	12	15	20		
20		50						— 2
50								—15
40								— 30
20								— 20
6								—10
		—30	—45	—30	— 5	3		*a*

Abb. 47

1

	40	45	50	55	60	
30	43	57	69	81	92	100
20	47	69	88	107	128	150
10	55	85	108	130	161	220
40	78	108	127	143	165	200
60	107	141	149	150	156	170
	150	200	180	150	140	$u^{(1)}$

2

	33	46	57	66	72	
23	40	56	71	84	93	94
17	46	69	88	105	122	143
15	58	86	106	125	149	191
58	85	109	126	140	159	185
101	116	140	149	150	157	166
	137	186	179	155	153	$u^{(2)}$

Abb. 47 Fortsetzung

3							
	30	45	59	69	73		
20	38	56	72	84	93	95	
16	46	69	87	103	119	137	
18	60	86	105	123	144	139	
65	90	111	126	138	154	178	
110	122	142	149	150	156	167	
	145	195	179	155	154		$u^{(3)}$

4							
	28	45	63	69	73		
18	37	56	72	84	93	95	
16	46	69	87	103	118	134	
20	61	87	106	122	142	174	
70	92	112	126	137	152	174	
116	126	144	149	149	155	166	
	192	187	179	155	153		$u^{(4)}$

5							
	26	44	58	67	70		
16	36	55	70	82	90	92	
16	46	69	86	101	115	130	
24	64	88	105	120	138	168	
78	98	116	127	136	149	169	
129	135	149	151	148	152	162	
	165	194	181	153	149		$u^{(13)}$

6							
	40	58	72	81	84		
30	50	69	84	96	104	106	
30	60	83	100	115	129	144	
38	78	102	119	134	152	182	
92	112	130	141	150	163	183	
143	149	163	165	162	166	176	
	179	208	195	167	163		$u^{(13)}+14$

Abb. 47

Differenzen erhält, und nach diesen Werten ist die DIRICHLETsche Aufgabe gelöst (gefunden wurde die Funktion $u^{(2)}$). Die übrigen Schablonen zeigen den weiteren Gang der Rechnung. Schablone 47,5, die $u^{(13)}$ (dreizehnte Näherung) beziffert ist, hat schon Normalen-Differenzen, die gleich den gegebenen sind, die Unterschiede bei u betragen aber noch 14 Einheiten (die Differenz 50—36 in der oberen Ecke ist gleich 14).

Den endgültigen Wert der Funktion u gibt die letzte Schablone 47,6 für $u = u^{(13)} + 14$.

Beispiel 2. *Lösung der dritten Randwertaufgabe für ein Rechteck.* Es wird der Wärmezustand einer isolierten Mauer betrachtet, die einen Teil besitzt, der frei von Isolation ist; an einem ihrer Teile wird die Temperatur konstant gehalten, an einem anderen findet ein freier Wärmeaustausch statt (Abb. 48).

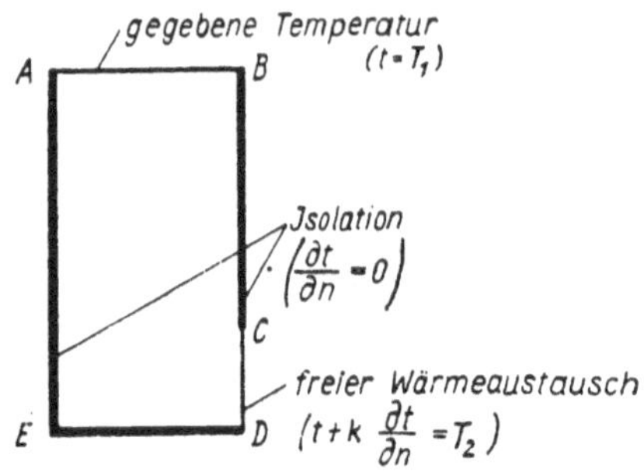

Abb. 48

1

$t_0 = 40$

	40	40	40	40	40	
37,5	37,5	35,7	33,8	31,9	30,0	30,0
35,0	35,0	33,2	31,3	29,4	27,5	27,5
32,5	32,5	30,7	28,8	26,9	25,0	25,0
30,0	30,0	28,2	26,3	24,4	22,5	22,5
27,5	27,5	25,7	23,8	21,9	20,0	20,0
25,0	25,0	23,7	21,3	19,4	17,5	17,5
22,5	22,5	20,7	18,8	16,9	15,0	15,0
20,0	20,0	18,2	16,3	14,4	12,5	12,5
17,5	17,5	15,7	13,8	11,9	10,0	10,0
15,0	15,0	13,2	11,3	9,4	7,5	7,5
12,5	12,5	10,7	8,8	6,9	5,0	5,0
10,0	10,0	8,0	6,0	4,0	2,0	2,0
7,5	7,5	5,0	4,5	3,0	1,5	0,207
5,0	5,0	4,0	3,0	2,0	1,0	0,138
2,5	2,5	2,0	1,5	1,0	0,5	0,069
	2,5	2,0	1,5	1,0	0,5	

Left column (braced): $t_0 = t_1$. Right column, rows 37,5–10,0 (braced): $t_0 = t_1$; rows 7,5–2,5 (braced): $t_0 = 0{,}138\, t_1$.

$t_0 = t_1$

Abb. 49

Die Aufgabe wird auf die Lösung der LAPLACEschen Differentialgleichung

$$\frac{\partial^2 t}{\partial x^2} + \frac{\partial^2 t}{\partial y^2} = 0$$

zurückgeführt für das Innere des Rechtecks $ABCDE$ mit folgenden Randbedingungen, die schon in Differenzen niedergeschrieben sind:

$t = 40$ in dem Randteil AB

$t_\nu = 0$ in den Teilen BC und AED

$20{,}0 t_0 + 3{,}2 t_\nu = 0$ im Teil CD

Mit t_ν wird die Normalen-Differenz $t_\nu = t_0 - t_1$

bezeichnet. Dabei ist t_0 der Wert auf dem Rande und t_1 im nächsten inneren Punkte. Die gemischte Randbedingung auf CD kann auch so geschrieben werden

$$t_0 = 0{,}138 t_1 \tag{14}$$

und auf BC und AED ist $t_0 = t_1$.

Die Lösung wird nach Formel 1 der Tabelle 11 mit gleichzeitiger Verbesserung der Randwerte durchgeführt. In Abb. 49,1 ist die Anfangsverteilung gegeben, und in Bild 49,2—9 die ersten Schablonen, die durch einfache Berechnung der arithmetischen Mittel erhalten werden. Die Randwerte sind ausgelassen, außer den Randwerten in jenem Teil des Randes, wo sie nach Formel (14) berechnet wurden. In Abb. 49,10 ist die Schlußlösung angeführt, die im gegebenen Falle ungefähr 70 Schablonen erforderte (die Lösung wurde ohne jede Verbesserung der Konvergenz durchgeführt). In Abb. 50 wurde die vorhandene Temperaturverteilung dargestellt, und in Abb. 51 sind die Isothermen gezeichnet.

Beispiel 3 ([17], S. 187). Wir wollen eingehender die Lösung der folgenden Aufgabe betrachten:

Bestimme den **Wärmezustand an der Ecke einer Ziegelmauer** von anderthalb Ziegelsteinen bei einer konstanten Temperatur im Innern des Hauses $t_i = 40°$ C und einer konstanten Temperatur der Außenluft $t_a = 0°$.[1])

Bezeichnet man mit t_i' die Temperatur der inneren und mit t_a' die der äußeren Wandfläche, so haben wir für den Wärmestrom durch die innere Fläche den bekannten Ausdruck

$$Q_0 = \lambda \frac{\partial t}{\partial n} = \alpha_1 (t_i - t_i')$$

und für den Strom durch die äußere

$$Q_0 = -\lambda \frac{\partial t}{\partial n} = \alpha_2 (t_a' - t_a)\,.^{2)}$$

In unserem Falle ist $\lambda = 0{,}6$; $\alpha_1 = 7{,}5$; $\alpha_2 = 20{,}0$.

---

[1]) Die Lösung gilt offensichtlich für beliebige Werte t_i und t_a bei $t_i - t_a = 40°$ C, weil die entsprechenden Temperaturverteilungen sich nur um eine konstante Größe unterscheiden.

[2]) Die Ableitungen sind nach der äußeren Normalen genommen.

2

37,05	36,12	34,72	33,30	32,35	
34,55	33,18	31,30	29,40	27,98	
32,05	30,68	28,80	26,90	25,48	
29,55	28,18	26,30	24,40	22,98	
27,05	25,68	23,80	21,90	20,48	
24,55	23,18	21,30	19,40	17,98	
22,05	20,68	18,80	16,20	15,48	
19,55	18,18	16,30	14,40	12,98	
17,05	15,68	13,80	11,90	10,48	
14,55	13,18	11,30	9,40	7,98	
12,05	10,62	8,78	6,80	5,35	
9,50	7,92	6,32	4,45	3,12	
6,38	6,00	4,25	3,00	1,55	0,214
4,75	3,75	3,00	2,00	1,03	0,142
3,00	2,25	1,88	1,25	0,64	0,088

3

36,93	36,24	35,18	34,14	33,41	
34,21	33,16	31,52	29,87	28,80	
31,71	30,55	20,80	27,02	25,84	
29,21	28,05	26,30	24,52	23,34	
26,71	25,58	23,80	22,02	20,84	
24,21	23,05	21,30	19,52	18,34	
21,71	20,55	18,80	17,02	15,84	
19,21	18,05	16,30	14,52	13,34	
16,71	15,55	13,80	12,02	10,84	
14,21	13,04	11,29	9,50	8,30	
11,68	10,48	8,76	7,00	5,71	
8,96	8,11	6,35	4,81	3,62	
6,66	5,58	4,58	3,06	1,84	0,254
4,47	4,00	2,97	2,07	1,08	0,149
3,25	2,72	2,03	1,44	0,75	0,103

4

36,84	36,32	35,48	34,62	34,09	
34,00	33,13	31,75	30,37	29,48	
31,42	30,43	28,85	27,26	26,25	
28,92	28,63	26,29	24,67	23,93	
26,42	25,40	23,79	22,17	21,14	
23,92	22,90	21,29	19,67	18,64	
21,42	20,40	18,79	17,17	16,14	
18,92	17,90	16,29	14,67	13,64	
16,42	15,40	13,79	12,16	11,12	
13,91	12,88	11,28	9,45	7,94	
11,33	10,40	8,78	6,94	6,16	
8,85	7,87	6,56	5,01	4,00	
6,42	5,84	4,49	3,32	2,00	0,276
4,60	3,94	3,17	2,14	1,20	0,166
3,42	3,00	2,24	1,57	0,84	0,116

5

36,79	36,36	35,67	34,98	34,55	
33,85	33,12	31,96	30,76	30,05	
31,19	30,51	28,93	27,54	26,74	
28,85	27,76	26,48	24,91	24,00	
26,16	25,44	23,79	22,32	21,74	
23,66	22,75	21,29	19,82	18,90	
21,16	20,25	18,79	17,32	16,40	
18,66	17,75	16,29	14,82	13,74	
16,16	15,25	13,78	12,28	11,22	
13,64	12,75	11,22	9,58	8,67	
11,12	10,22	8,80	7,35	6,26	
8,62	7,91	6,54	5,20	4,29	
6,43	5,68	4,72	3,14	2,20	0,304
4,60	4,15	3,20	2,06	1,29	0,178
3,61	3,15	2,50	1,70	0,93	0,128

Abb. 49 (Fortsetzung)

6

36,75	36,40	35,82	35,24	34,90	
33,74	33,17	32,12	31,13	30,52	
31,10	30,25	29,12	27,84	27,08	
28,49	27,82	27,04	25,08	24,28	
26,03	25,12	23,88	22,50	21,67	
23,43	22,66	21,29	19,96	19,15	
20,93	20,11	18,79	17,46	16,59	
18,43	17,61	16,28	14,90	14,04	
15,93	15,11	13,80	12,35	11,47	
13,42	12,58	11,23	9,88	8,93	
10,90	10,14	8,83	7,46	6,64	
8,52	7,76	6,66	5,40	4,49	
6,33	5,80	4,71	3,54	2,32	0,320
4,70	4,16	3,36	2,40	1,34	0,185
3,74	3,35	2,64	1,80	1,01	0,139

7

36,72	36,44	35,94	35,46	35,14	
33,69	33,13	32,31	31,43	30,91	
30,88	30,30	29,31	28,13	27,43	
28,36	27,72	26,50	25,42	24,55	
25,77	25,10	23,99	22,67	21,90	
23,26	22,49	21,32	20,10	19,34	
20,72	20,00	18,79	17,55	16,81	
18,22	17,48	16,28	15,03	14,25	
15,72	14,98	13,74	12,46	11,67	
13,21	12,48	11,27	9,99	9,23	
10,74	10,00	8,87	7,64	6,88	
8,38	7,78	6,68	5,54	4,71	
6,34	5,74	4,84	3,74	2,42	0,334
4,73	4,30	3,48	2,51	1,48	0,204
3,88	3,47	2,79	1,06	1,07	0,148

8

36,71	36,45	36,05	35,64	35,38	
33,60	33,18	32,45	31,70	31,23	
30,81	30,26	29,31	28,40	27,80	
28,20	27,56	26,61	25,46	24,82	
25,62	24,99	23,90	22,85	22,12	
23,06	22,42	21,34	20,22	19,54	
20,62	19,87	18,79	17,68	16,99	
18,04	17,37	16,26	15,24	14,44	
15,41	14,86	13,75	12,61	11,90	
13,04	12,36	11,27	10,15	9,44	
10,58	9,97	8,90	7,82	7,12	
8,34	7,70	6,76	5,68	4,89	
6,30	5,82	4,91	3,84	2,56	0,353
4,81	4,36	3,61	2,66	1,55	0,214
3,99	3,61	2,92	2,08	1,16	0,160

9

36,69	36,48	36,14	35,78	35,56	
33,58	33,19	32,56	31,93	31,55	
30,72	30,22	29,43	28,57	28,06	
28,05	27,52	26,56	25,67	25,05	
25,47	24,88	23,95	22,93	22,33	
22,93	22,32	21,33	20,35	19,72	
20,40	19,80	18,79	17,81	17,16	
17,86	17,21	16,29	15,25	14,64	
15,34	14,72	13,75	12,76	12,10	
12,82	12,28	11,29	10,28	9,65	
10,48	9,88	8,96	7,96	7,32	
8,23	7,70	6,80	5,83	5,06	
6,32	5,82	5,01	3,95	2,66	0,367
4,86	4,46	3,71	2,77	1,65	0,228
4,10	3,72	3,06	2,20	1,24	0,171

(Abb. 49 Fortsetzung)

10

	40	40	40	40	40	
36,9	36,9	36,9	36,9	36,9	36,9	36,9
33,8	33,8	33,8	33,8	33,8	33,8	33,8
30,8	30,8	30,8	30,8	30,8	30,8	30,8
27,8	27,8	27,8	27,8	27,8	27,8	27,8
25,0	25,0	25,0	25,0	25,0	25,0	25,0
22,2	22,2	22,2	22,2	22,2	22,2	22,2
19,6	19,6	19,6	19,6	19,6	19,6	19,6
17,2	17,2	17,2	17,2	17,2	17,2	17,2
15,0	15,0	15,0	15,0	14,9	14,8	14,8
13,0	13,0	13,0	12,8	12,6	12,5	12,5
11,1	11,1	11,0	10,8	10,4	10,1	10,1
9,4	9,4	9,2	8,8	8,2	7,5	7,5
8,1	8,1	7,8	7,2	6,1	4,3	0,59
7,2	7,2	6,8	6,0	4,8	3,0	0,41
6,6	6,6	6,2	5,4	4,2	2,5	0,34
	6,6	6,2	5,4	4,2	2,5	

Abb. 49

Wir erhalten die Randbedingungen:

$$0{,}6\,\frac{\partial t}{\partial n} = 7{,}5\,(40{,}0 - t)$$

an der inneren Fläche und $\quad -\,0{,}6\,\frac{\partial t}{\partial n} = 20{,}0\,t$

an der äußeren. Im Innern der Wand gilt bekanntlich:

$$\frac{\partial^2 t}{\partial x^2} + \frac{\partial^2 t}{\partial y^2} = 0.$$

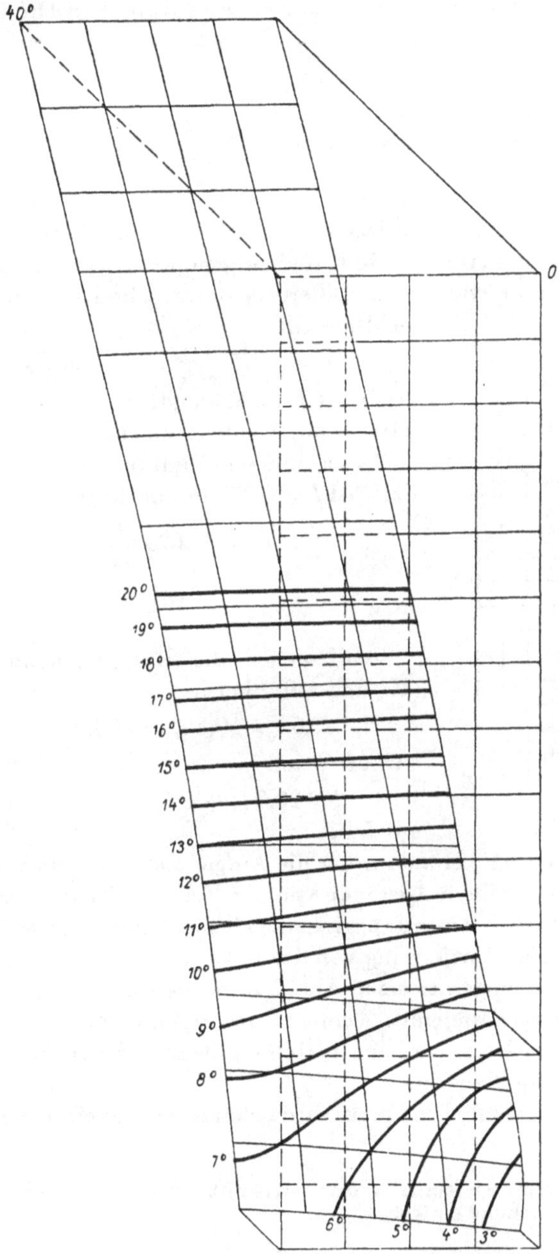
40°
0
20°
19°
18°
17°
16°
15°
14°
13°
12°
11°
10°
9°
8°
7°
6°
5°
4°
3°

Abb. 50

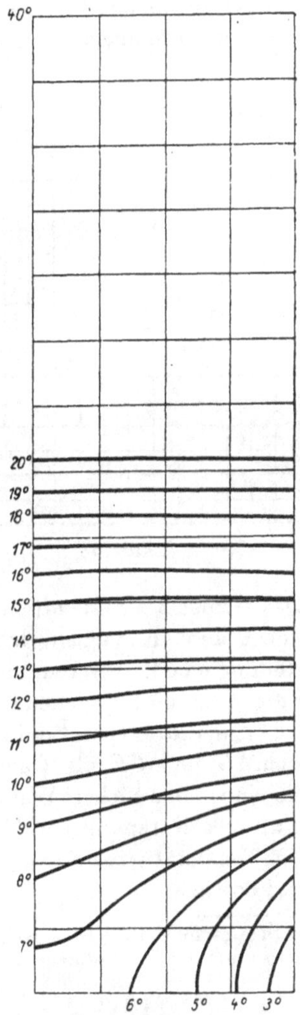
40°
20°
19°
18°
17°
16°
15°
14°
13°
12°
11°
10°
9°
8°
7°
6°
5°
4°
3°

Abb. 51

Wir gelangen folglich zu der Randwertaufgabe, die harmonische Funktion t im Innern des Gebietes S (Abb. 52) zu bestimmen mit den Randbedingungen:

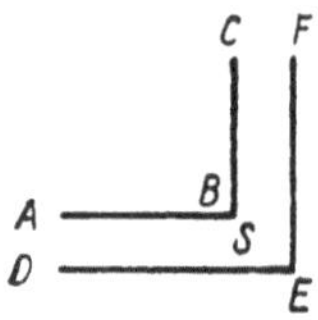

Abb. 52

$$7{,}5\, t + 0{,}6 \frac{\partial t}{\partial n} = 300{,}0 \tag{15}$$

auf dem Randteil ABC und
$$20{,}0\, t + 0{,}6 \frac{\partial t}{\partial n} = 0 \tag{16}$$
auf dem Teil DEF.

Für die Berechnung zerlegen wir das Innere des Gebietes S in Quadrate (in unserem Beispiel werden sie in 6 Reihen genommen) und formen die Randbedingungen um, indem wir sie in Differenzenform schreiben. Offensichtlich gilt

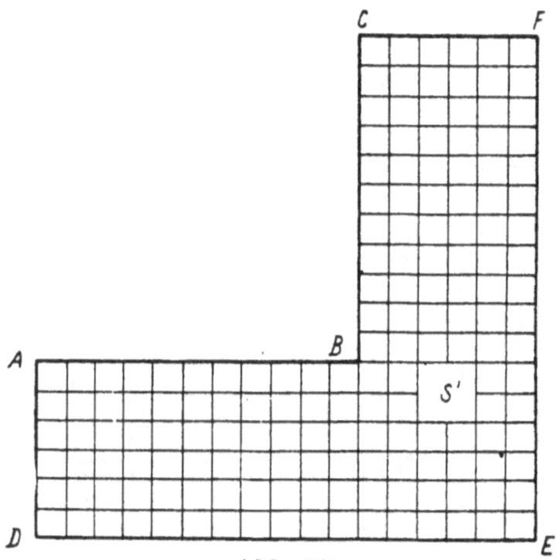

Abb. 53

$$t_\nu = t_0 - t_1 \approx \frac{l}{6} \frac{\partial t}{\partial n}.$$

Darin ist l die Mauerstärke, t_0 die Temperatur am Rande, t_1 die Temperatur im nächsten inneren Punkte. In unserem Falle ist $l = 0{,}375$ m und folglich

$$t_\nu = 0{,}0625 \frac{\partial t}{\partial n}$$

oder

$$\frac{\partial t}{\partial n} = 16 t_\nu .$$

Somit gehen die Randbedingungen (15) und (16) über in

$$7{,}5\, t_0 + 9{,}6\, t_\nu = 300{,}0 \tag{17}$$

auf ABC und

$$20{,}0\, t_0 + 9{,}6\, t_\nu = 0 \tag{18}$$

auf DEF.

Das Gebiet S ist unendlich. Daher verändern wir die Aufgabe etwas, indem wir davon Gebrauch machen, daß in großem Abstande von der Ecke die Temperaturverteilung ungefähr so sein muß wie in einer unbegrenzten ebenen Mauer; schneiden wir die Mauer in hinreichend großer Entfernung von der Ecke (in unserem Beispiel um 11 Quadrate vom Punkte B entfernt, siehe Abb. 53), so geben wir auf den Seiten AD und CF als Randwerte diejenige Temperaturverteilung vor, die im Falle einer unendlichen Wand vorliegt. Dieselbe Verteilung benutzen wir auch in den übrigen Netzpunkten als erste Näherung.

Der Temperaturzustand einer unendlichen Mauer wird bekanntlich auf elementare Weise bestimmt.[1])

[1]) In diesem Falle haben wir, wenn wir einen Mauerquerschnitt betrachten, in seinem Innern statt der LAPLACEschen Gleichung einfach

$$\frac{\partial^2 t}{\partial x^2} = 0, \quad \text{und daraus} \quad t = c_1 x + c_2,$$

und die Aufgabe ist auf die Bestimmung der Konstanten c_1 und c_2 aus den Randbedingungen (15) und (16) zurückgeführt, d. h. auf die Lösung eines Systems von zwei linearen Gleichungen.

1

33,40	33,40	33,40	33,40	33,40	33,40	33,40	33,40	33,40	33,40	33,40	33,40					
28,25	28,25	28,25	28,25	28,20	28,15	28,10	28,00	27,90	27,55	26,85	25,25	21,15				
23,10	23,10	23,10	23,05	23,00	22,90	22,80	22,70	22,50	22,00	21,10	19,60	17,00	14,00			
17,95	17,95	17,95	19,90	17,80	17,70	17,60	17,45	17,25	16,80	16,05	14,85	13,15	11,15	9,00		
12,80	12,80	12,75	12,70	12,65	12,60	12,50	12,40	12,20	11,90	11,35	10,55	9,50	8,20	6,85	5,40	
7,65	7,65	7,65	7,65	7,65	7,60	7,55	7,50	7,35	7,14	6,85	6,45	5,95	5,35	4,70	3,95	3,25
2,47	2,47	2,47	2,47	2,47	2,47	2,47	2,47	2,47	2,47	2,47	2,47	2,47	2,47	2,47	2,47	2,47

Abb. 54

2

33,40	33,40	33,39	33,38	33,34	33,26	33,17	33,01	32,75	32,33	31,67	30,50					
28,25	28,25	28,24	28,20	28,12	28,00	27,84	27,55	27,10	26,35	25,17	23,10	19,06				
23,10	23,10	23,08	23,03	22,93	22,80	22,60	22,20	21,67	20,82	19,57	17,71	15,04	12,12			
17,95	17,95	17,93	17,88	17,78	17,62	17,40	17,05	16,50	15,72	14,65	13,20	11,32	9,24	7,11		
12,80	12,80	12,78	12,73	12,65	12,50	12,30	12,01	11,57	10,96	10,16	9,13	7,86	6,47	5,01	3,55	
7,65	7,64	7,63	7,60	7,54	7,45	7,30	7,10	6,83	6,45	5,96	5,35	4,63	3,82	2,97	2,11	1,25
2,47	2,47	2,47	2,46	2,44	2,42	2,36	2,30	2,22	2,09	1,93	1,73	1,50	1,24	0,96	0,68	0,40

Abb. 54 (Fortsetzung)

Führen wir die nötigen Rechnungen durch, so erhalten wir folgende Werte für die Temperatur an der Innen- und Außenfläche der unendlichen Wand:

$$T_i = 33{,}40, \qquad T_a = 2{,}47.$$

Wir gehen jetzt zur Lösung der eigentlichen Aufgabe über. Die Randbedingungen (17) und (18) geben die Formeln zur Berechnung in der Form:

$$t_0^{(n+1)} = 17{,}55 + 0{,}561\, t_1^{(n)}$$

auf dem Randteil ABC,

$$t_0^{(n+1)} = 0{,}324 t_1^{(n)} \qquad \text{auf dem Randteil } DEF.$$

Als erste Näherung geben wir vor: $t_0 = 33{,}4$ auf ABC und $t_1 = 2{,}47$ auf DEF; auf den Seiten AD und CF geben wir die Randwerte, einem linearen Abfall zwischen T_i und T_a entsprechend, vor und behalten diese während des gesamten Verlaufs der Berechnung ungeändert bei.

In Abb. 54,1 ist die Ausgangsnäherung gegeben (wegen der Symmetrie ist nur die Hälfte des Netzgebietes dargestellt). In Abb. 54,2 wird das endgültige Resultat gebracht.

Die ersten Näherungen wurden zur Beschleunigung der Rechnung mit geringerer Genauigkeit als die letzten durchgerechnet (Unstimmigkeit bis zu 5 Einheiten der letzten Dezimalen bei den ersten Näherungen und von 1 bis 2 Einheiten bei den letzten Näherungen).

In Abb. 55 ist die erhaltene Temperaturverteilung dargestellt. Abb. 56 gibt die Isothermen.

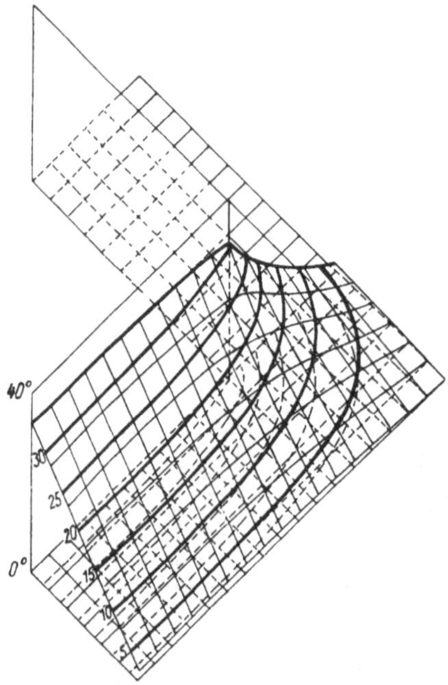

Abb. 55

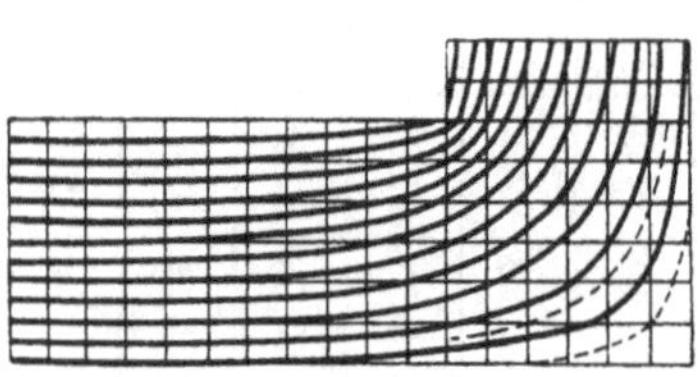

Abb. 56

4. Lösung der LAPLACEschen Gleichung unter Benutzung einer Abbildung des Bereiches

Allgemeine Einführung. Man löse die DIRICHLETsche Aufgabe für ein Gebiet G (Abb. 57a), wenn die konforme Abbildung dieses Gebietes in irgendein anderes einfacheres Gebiet G_1 (z. B. das Rechteck in Abb. 57b) bekannt ist. Die Abbildung geschehe mit Hilfe der Funktion einer komplexen Veränderlichen

$$\zeta = \varphi(z);$$

dabei sei $\qquad \zeta = \xi + i\eta, \qquad z = x + iy.$

Weiterhin sei $\qquad \varphi(z) = f(x, y) + i\, g(x, y).$

Dann ist die Abbildung durch die Funktionen

$$\xi = f(x, y),$$
$$\eta = g(x, y)$$

gegeben, wobei bekannt ist, daß die Gleichung

$$\frac{\partial^2 u}{\partial x^2} + \frac{\partial^2 u}{\partial y^2} = 0$$

bei dieser Abbildung übergeht in $\frac{\partial^2 u}{\partial \xi^2} + \frac{\partial^2 u}{\partial \eta^2} = 0.$

Wenn wir den Übergang der Randwerte der Funktion u vom Rande des Gebietes G auf den Rand des Gebietes G_1 so durchführen, daß in den entsprechenden Punkten beider Ränder ein und dieselben Randwerte vorliegen, dann haben wir mit der DIRICHLETschen Aufgabe für das Gebiet G_1 auch die DIRICHLETsche Aufgabe für das Gebiet G gelöst, weil die Werte der Funktion u bei der konformen Abbildung des Gebietes G auf G_1 in einander entsprechenden Punkten (z. B. a und a_1)

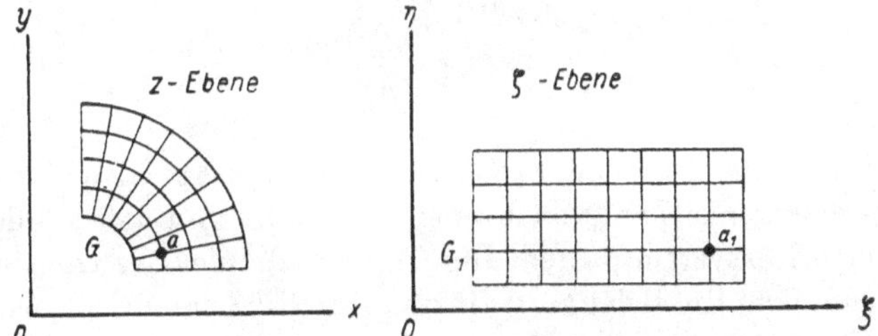

Abb. 57

gleich bleiben. Für das Gebiet G_1 ist aber die DIRICHLETsche Aufgabe leichter zu lösen, und daher kann man in solchen Fällen, wo die konforme Abbildung eines gegebenen Gebietes auf irgendein anderes einfacheres bekannt ist, dieses benutzen, um die Lösung zu erleichtern.

Beispiel ([16], Seite 17). Man löse die Torsionsaufgabe für eine Hohlwelle mit aufgefrästen Längsnuten (so etwas kommt z. B. vor an der Spitze der Motorwellen von Flugzeugmotoren, auf die die Buchsen der Luftschrauben aufgezogen werden). Der Außendurchmesser der Welle ist gleich 254 mm, die Zahl der Nuten beträgt 30; der Wellenquerschnitt wird in Abb. 58 gebracht.

Die Lösung der Torsionsaufgabe ist äquivalent der Lösung der Gleichung

$$\frac{\partial^2 u}{\partial x^2} + \frac{\partial^2 u}{\partial y^2} = 0$$

mit den Randbedingungen $\quad u = \frac{1}{2}(x^2 + y^2) + c_1. \qquad (19)$

Aus Symmetriegründen wollen wir die Aufgabe nur für den Wellenteil lösen, der in Abb. 59 dargestellt ist.

Mit Hilfe der Funktion
$$\zeta = m \ln z$$
wird das Kreisviereck $ABCD$ (Abb. 59) in ein Rechteck umgebildet (transformiert). In diesem Falle gilt
$$\xi = m \ln r,$$
$$\eta = m\Theta,$$
wenn
$$z = r e^{i\theta}.$$

Der Faktor m wird so gewählt, daß das transformierte Gebiet (das Rechteck $A'B'C'D'$, Abb. 60) Abmessungen erhält, die für die Berechnung günstig sind.

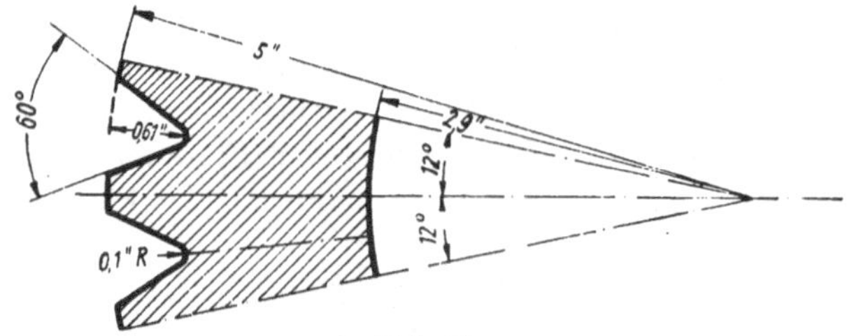

Abb. 58

Im vorliegenden Falle ist es zweckmäßig, m so zu wählen, daß die Höhe $A'D'$ des Rechtecks eine ganze Zahl von Einheiten enthält und daß folglich die Rechtecksseiten in ein Netzsystem passen. Der Teil des Randes des transformierten Gebietes $B'F'E'$, der dem Profil der ausgefrästen Nut BFE entspricht, wird angenähert konstruiert, indem man die Winkeltreue und Ähnlichkeit kleiner Elemente, die in beiden Gebieten einander entsprechen, heranzieht.

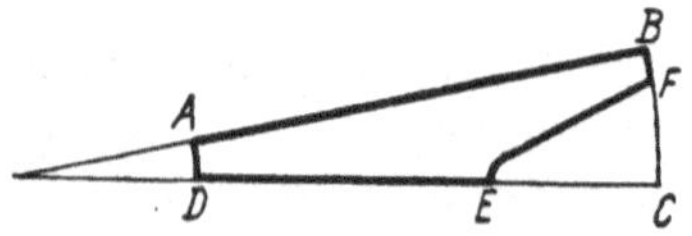

Abb. 59

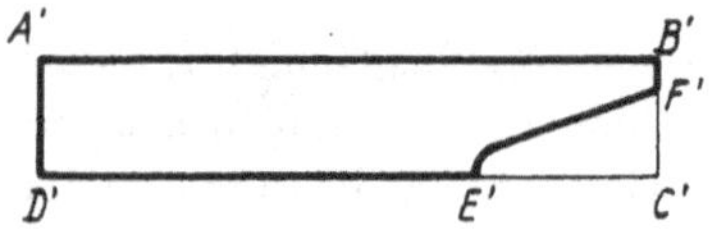

Abb. 60

Die Randwerte auf dem äußeren Teil des Randes BFE (Abb. 59) werden nach Formel (19) bestimmt und auf die entsprechenden Punkte des transformierten Randes $B'F'E'$ (Abb. 60) übertragen; die Randwerte auf dem inneren Teil des Randes AD sollen konstant sein.

Aus den allgemeinen Sätzen der Torsionstheorie folgt in der Tat, daß die Funktion
$$\psi = u - \frac{1}{2}(x^2 + y^2)$$
konstant sein muß für jeden Rand eines mehrfach zusammenhängenden Gebietes, für das die Torsionsaufgabe gelöst wird. Da auf dem Kreise, von dem der Bogen AD ein Teil ist,
$$x^2 + y^2 = \text{const},$$

muß auf diesem Bogen
$$u = C \tag{20}$$
gelten. Die Größe der Konstanten C wird aus der Bedingung
$$\int_L \frac{\partial u}{\partial n}\, ds = 0 \tag{21}$$
bestimmt, wobei das Integral über den inneren Rand zu erstrecken ist. Aus Symmetriegründen folgt daraus, daß
$$\int_{AD} \frac{\partial u}{\partial n}\, ds = 0$$
ist. Nun ist
$$\int_{AD} \frac{\partial u}{\partial n}\, ds = -\int_0^{\frac{\pi}{30}} \frac{\partial u}{\partial r}\, r\, d\theta = -\int_{A'D'} \frac{\partial u}{\partial \xi}\, \frac{m}{r}\, r\, \frac{1}{m}\, d\eta = -\int_{A'D'} \frac{\partial u}{\partial \xi}\, d\eta.$$
Folglich ergibt die Bedingung (21) in bezug auf unsere Aufgabe
$$\int \frac{\partial u}{\partial \xi}\, d\eta = 0$$
oder, wenn man zu Differenzen übergeht:
$$\sum_{A'D'} \frac{u_0 - u_1}{h}\, h = 0; \tag{22}$$
darin sind mit u_0 die Werte u auf $A'D'$, und mit u_1 die Werte auf der nächsten inneren Vertikalen bezeichnet.

Aus (20) und (22) folgt, daß $pC - \sum u_1 = 0$

oder
$$C = \frac{\sum u_1}{p} \tag{23}$$
wird; dabei ist mit p die Zahl der Summanden in $\sum u_1$ bezeichnet (anders ausgedrückt, die Zahl der horizontalen Reihen in dem Netzgebiet $A'B'F'E'D'$). Gleichung (23) gestattet, C durch ein Iterationsverfahren folgendermaßen zu bestimmen. Der Wert der Konstanten $C^{(n+1)}$ in der $(n+1)$-ten Näherung wird aus der Gleichung
$$C^{(n+1)} = \frac{\sum u_1^{(n)}}{p} \tag{24}$$
bestimmt.

In Abb. 61a ist die Lösung der gestellten Aufgabe durchgeführt. Bei dieser Lösung ist $m = \frac{90}{\pi}$ genommen, so daß dem Wert $\theta = \frac{\pi}{30}$ der Wert $\eta = 3$ entspricht.

Die Werte ξ erhält man so:
$$\xi = \frac{90}{\pi}(\ln r - \ln 2{,}9);$$
sie sind in der obersten Zeile niedergeschrieben.

Die entsprechenden Werte r stehen in der darunterliegenden Zeile; sie wurden nach der Formel

$$r = 2{,}9\,e^{\frac{\pi \xi}{90}}$$

berechnet.

Die Konstante C_1 in der Formel (19) wurde so angesetzt, daß die Funktion u im Punkte B' nach Null geht. Abb. 61b zeigt die Umgebung der Nut in größerem Maßstab.

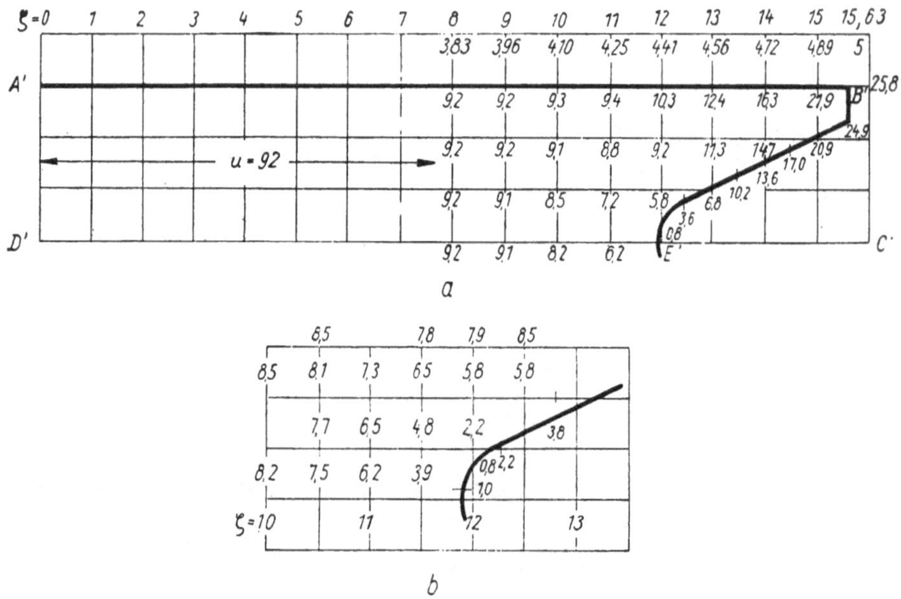

Abb. 61

5. *Lösung der LAPLACEschen und der POISSONschen Gleichung für ein inhomogenes Medium*

Allgemeine Formeln. Das Differenzenverfahren eignet sich auch gut zur Lösung der Gleichung

$$\frac{\partial}{\partial x}\left(k\,\frac{\partial u}{\partial x}\right) + \frac{\partial}{\partial x}\left(k\,\frac{\partial u}{\partial y}\right) = f(x, y),$$

wobei k eine Funktion von x und y ist. Die gesamte Lösung läuft genauso ab wie für die gewöhnliche LAPLACEsche Gleichung, und nur die Formeln der Tabelle 11 müssen durch andere ersetzt werden. Wir bringen diese Formeln in Tabelle 17.

In dieser Tabelle werden mit k_I, k_{II} usw. die Funktionswerte k in den Punkten I, II usw. bezeichnet, die in den Skizzen angedeutet sind. Diese Punkte liegen in der Mitte der Abschnitte zwischen den Punkten 0 und 1, 0 und 2 usw. Die Seite des quadratischen Netzes ist gleich h genommen.

TABELLE 17

Formeln für die Lösung der LAPLACEschen und der POISSONschen Gleichungen im Fall eines inhomogenen Mediums

Nr.	Skizze	Formel
1	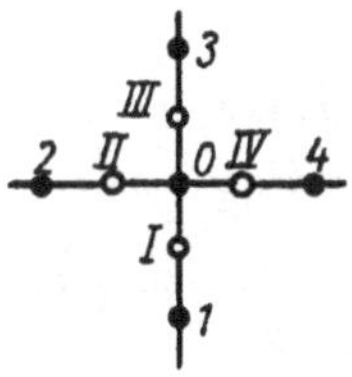	$u_0 = \frac{k_I u_1 + k_{II} u_2 + k_{III} u_2 + k_{IV} u_4}{k_I + k_{II} + k_{III} + k_{IV}} - \frac{h^2 f_0}{k_I + k_{II} + k_{III} + k_{IV}}$
2	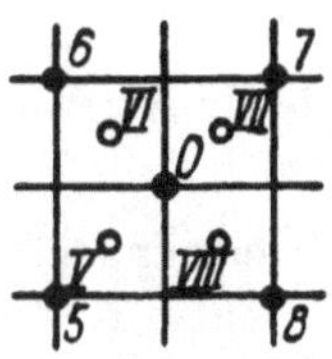	$u_0 = \frac{k_V u_5 + k_{VI} u_6 + k_{VII} u_7 + k_{VIII} u_8}{k_V + k_{VI} + k_{VII} + k_{VIII}} - \frac{2 h^2 f_0}{k_V + k_{VI} + k_{VII} + k_{VIII}}$

IV. BIHARMONISCHE GLEICHUNG

Allgemeine Überlegungen

Die biharmonische Gleichung

$$\frac{\partial^4 u}{\partial x^4} + 2\frac{\partial^4 u}{\partial x^2 \partial y^2} + \frac{\partial^4 u}{\partial y^4} = f(x, y)$$

kann nach verschiedenen Verfahren gelöst werden, von denen wir zwei betrachten wollen:

1. Zurückführung auf ein System von POISSONschen Gleichungen,
2. unmittelbare Lösung.

Für die numerische Lösung kann man beide Verfahren benutzen.

Zurückführung auf ein System von POISSONschen Gleichungen. Offensichtlich kann die Gleichung

$$\frac{\partial^4 u}{\partial x^4} + 2\frac{\partial^4 u}{\partial x^2 \partial y^2} + \frac{\partial^4 u}{\partial y^4} = f \tag{25}$$

durch folgendes System ersetzt werden:

$$\left.\begin{aligned} \frac{\partial^2 u}{\partial x^2} + \frac{\partial^2 u}{\partial y^2} &= \varphi, \\ \frac{\partial^2 \varphi}{\partial x^2} + \frac{\partial^2 \varphi}{\partial y^2} &= f. \end{aligned}\right\} \tag{26}$$

Auf diesem Umstand beruht die Näherungslösung von Randwertaufgaben für die biharmonische Gleichung nach denselben Verfahren, die bisher für die Lösung der LAPLACEschen und der POISSONschen Gleichung benutzt wurden. Wir wollen eine solche Randwertaufgabe für die biharmonische Gleichung lösen: Auf dem Rand des Gebietes G sind die Randwerte u_0 der Funktion u und die Werte ihrer äußeren Normalen-Ableitung $\frac{\partial u}{\partial n}$ gegeben. Man soll u im Innern von G bestimmen. Zur praktischen Lösung gehen wir, wie immer, vom Gebiet G zu einem Netzgebiet $\overline{G}$ über, und wir bereiten zwei Serien von Schablonen vor: eine nach Abb. 21c, die andere nach Abb. 21d. In die Schablonen nach Abb. 21d werden wir die Werte u schreiben und in die Schablonen nach Abb. 21c die Werte φ. Zu Beginn der Rechnung geben wir die Anfangswerte der Funktion u im gesamten Gebiet G vor, einschließlich seines Randes (die Werte am Rande sind alle gleich u_0). Außerdem finden wir, indem wir die gegebenen Werte $\frac{\partial u}{\partial n}$ benutzen, durch Extrapolation die Werte u in der nächsten Felderreihe außerhalb des Gebietes G. Dafür benutzen wir die Beziehung

$$\frac{\partial u}{\partial n} = \frac{u_\nu}{h} = \frac{u_2 - u_0}{h}$$

(hierbei ist u_2 der Wert von u in der nächsten Felderreihe nach außen). Wir erhalten daraus

$$u_2 = u_0 + u_\nu \left(u_\nu \approx h \frac{\partial u}{\partial n}\right).$$

Nachdem wir die Werte u auf dem Rande und in seinen Nachbarreihen (innen und außen) haben, können wir die Werte φ_0 der Funktion φ auf dem Rande $\bar{G}$ ermitteln, indem wir von der Beziehung

$$\varphi = \frac{\partial^2 u}{\partial x^2} + \frac{\partial^2 u}{\partial y^2}$$

ausgehen und den rechten Teil nach der Formel

$$\varphi_0 = \frac{1}{h^2}[u_1 + u_2 + u_3 + u_4 - 4u_0]$$

berechnen. Nach Ermittlung der Randwerte der Funktion φ können wir, indem wir eine gewöhnliche DIRICHLETsche Aufgabe lösen, die Werte φ im Innern von G bestimmen. Wenn diese Werte φ gefunden sind, dann verbessern wir die Werte u nach Formel 1 der Tabelle 11, da

$$\frac{\partial^2 u}{\partial x^2} + \frac{\partial^2 u}{\partial y^2} = \varphi$$

ist. Das bedeutet, es muß sein:

$$u_0 = \frac{1}{4}[u_1 + u_2 + u_3 + u_4 - h^2\varphi_0].$$

In die rechte Seite dieser Gleichung setzen wir die früheren Werte u und die gefundenen Werte φ ein, links erhalten wir neue verbesserte Werte u auf dem Rande von G. Mit den verbesserten Randwerten u finden wir verbesserte Randwerte φ, und mit ihnen neue Werte φ im Innern des Gebietes. Mit diesen Werten verbessern wir von neuem u usw. Indem wir durch diesen Prozeß gleichzeitig φ und u verbessern, gelangen wir schließlich zu Wertesystemen, die die Differenzengleichungen, die aus den Gleichungen (26) gewonnen werden, befriedigen; die Funktion u genügt dabei der Gleichung (25) mit den vorgegebenen Randbedingungen.

Unmittelbare Lösung. Die unmittelbare Lösung beruht darauf, daß die Differentialgleichung (25) nach einer Formel, die in Tabelle 18 angeführt ist, durch eine Differenzengleichung ersetzt wird.

TABELLE 18

Formeln zur Lösung der biharmonischen Gleichung

Nr.	Skizze	Formel
1	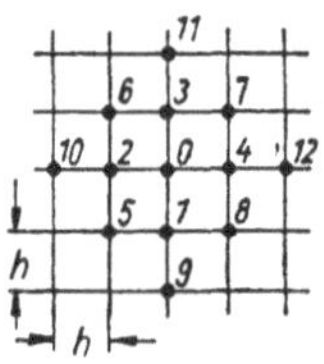	$u_0 = \frac{8[u_1+u_2+u_3+u_4]-2[u_5+u_6+u_7+u_8]}{20} - \frac{u_9+u_{10}+u_{11}+u_{12}}{20} - \frac{h^4 f_0}{20}$
2	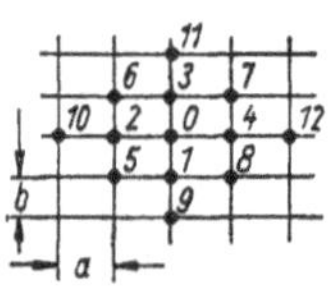	$u_0 = \frac{4\left(\frac{1}{a^2}+\frac{1}{b^2}\right)\left(\frac{u_2+u_4}{a^2}+\frac{u_1+u_3}{b^2}\right)}{6\left(\frac{1}{a^4}+\frac{1}{b^4}\right)+\frac{8}{a^2b^2}} - \frac{\frac{2}{a^2b^2}(u_5+u_6+u_7+u_8)}{6\left(\frac{1}{a^4}+\frac{1}{b^4}\right)+\frac{8}{a^2b^2}} - \frac{\frac{1}{a^4}(u_{10}+u_{12})+\frac{1}{b^4}(u_9+u_{11})}{6\left(\frac{1}{a^4}+\frac{1}{b^4}\right)+\frac{8}{a^2b^2}} + \frac{f_0}{6\left(\frac{1}{a^4}+\frac{1}{b^4}\right)+\frac{8}{a^2b^2}}$

Beispiele

Beispiel 1 ([25], S. 145). Man finde eine Funktion v mit folgenden Eigenschaften: Im Innern eines Quadrates soll sie der biharmonischen Gleichung (25) mit $f \equiv 0$ genügen, und auf dem Rande des Quadrates sollen v und $\frac{\partial v}{\partial n}$ gegebene Werte annehmen.

In Abb. 62,0 sind die Randwerte und die Ausgangsverteilung der Funktionswerte v im Innern des Quadrates gegeben. Die Abb. 62,1—5 geben die ersten 2 Näherungen für die Funktionen v und

$$\varphi = \frac{\partial^2 v}{\partial x^2} + \frac{\partial^2 v}{\partial y^2}.$$

Die Rechnung erfolgt nach dem oben beschriebenen Verfahren; die biharmonische Gleichung wird durch das System (26) ersetzt. Zur Bestimmung einer jeden folgenden Näherung wird eine DIRICHLETsche Aufgabe gelöst. In Abb. 62,6–7 werden aufeinanderfolgende Näherungen gegeben und in Abb. 62,8 die Endlösung.

Beispiel 2 ([13], S. 60). Man finde die *Durchbiegung einer gleichmäßig belasteten quadratischen Platte*, die an den Rändern frei gelagert ist.

Bekanntlich wird diese Aufgabe auf die Lösung der Gleichung (25) mit $f \equiv \text{const}$ zurückgeführt oder, was dasselbe ist, auf die Lösung des Systems

$$\frac{\partial^2 u}{\partial x^2} + \frac{\partial^2 u}{\partial y^2} = \varphi,$$

$$\frac{\partial^2 \varphi}{\partial x^2} + \frac{\partial^2 \varphi}{\partial y^2} = 1.$$

0

		0	0	10	20	30		
	0	0	10	20	30	40	50	
0	10	17	27	38	49	60	70	60
10	20	31	43	55	67	79	90	80
20	30	44	58	72	86	99	110	100
30	40	56	72	89	105	120	130	130
60	50	68	86	105	126	144	150	160
	60	80	100	120	150	180	170	
		70	90	120	160	190	v_0	

1

	27	7	8	9	—10	
—3	8	4	2	0	—6	—20
1	2	0	—3	—6	—12	—21
4	0	—3	—6	—10	—15	—21
6	—2	—7	—9	—12	—15	—10
8	—7	—12	—10	—15	—23	4
	—22	—24	—5	—14	—66	φ_0

Abb. 62

2

15	26	37	49	61
31	43	56	69	82
44	59	74	88	102
57	74	91	108	123
70	89	108	130	150

v_1

3

	25	6	7	9	11	
—5	7	4	2	0	—3	—19
1	2	1	—2	—5	—10	—18
4	1	—2	—5	—8	—12	—18
7	1	—5	—7	—10	—12	—7
10	—5	—10	—7	—11	—18	10
	—20	—21	—2	—10	—60	φ_1

4

15	25	37	49	61
30	43	56	70	83
44	59	75	90	104
58	75	93	110	126
70	90	109	132	150

v_2

5

	25	5	7	9	11	
—5	6	3	2	1	—4	—19
0	2	0	—2	—4	—9	—17
4	1	—2	—4	—7	—11	—18
7	0	—4	—6	—8	—10	—5
10	—5	—9	—7	—10	—18	10
	—20	—20	—1	—8	—60	φ_2

6

15	25	38	50	62
30	43	58	72	85
45	64	75	94	106
58	78	97	115	128
70	90	109	134	152

v_9

7

	25	5	8	10	12	
—5	7	4	3	2	—3	—18
0	2	1	—1	—3	—8	—16
5	1	—1	—3	—6	—9	—14
8	0	—4	—5	—7	—9	—2
11	—4	—8	—5	—9	—16	12
	—19	—18	2	—6	—58	φ_9

Abb. 62 (Fortsetzung)

8

		0	0	10	20	30		
	0	0	10	20	30	40	50	
0	10	15	25	38	50	62	70	60
10	20	30	43	58	72	85	90	80
20	30	45	61	78	94	106	110	100
30	40	58	78	97	115	128	130	130
40	50	71	92	112	134	152	150	160
	60	80	100	120	150	180	170	
		70	90	120	160	190	v	

Abb. 62 (Schluß)

Die Konstante C setzen wir, um etwas Bestimmtes zu haben, gleich 1. Die Randbedingungen geben im Falle einer freien Lagerung der Platte

$$u = \frac{\partial^2 u}{\partial n^2} = 0. \tag{27}$$

Auf der vertikalen Seite gibt dies $u = \dfrac{\partial^2 u}{\partial x^2} = 0;$ (28)

da außerdem offensichtlich auch $\dfrac{\partial^2 u}{\partial y^2} = 0$ (28′)

und

$$\varphi = \frac{\partial^2 u}{\partial x^2} + \frac{\partial^2 u}{\partial y^2}$$

ist, so haben wir als Folge der Bedingungen (28) und (28′)

$$\varphi \equiv 0$$

auf den vertikalen Seiten des Quadrates.

Für die horizontalen Seiten gilt offensichtlich eine entsprechende Überlegung, nur mit dem Unterschied, daß hier

$$\frac{\partial^2 u}{\partial n^2} = \frac{\partial^2 u}{\partial y^2}$$

ist. Somit zerfällt das System (26) mit den Randbedingungen (27) in zwei unabhängige Gleichungen:

1) $\dfrac{\partial^2 \varphi}{\partial x^2} + \dfrac{\partial^2 \varphi}{\partial y^2} = 1; \quad \varphi \equiv 0$ auf dem Rande,

2) $\dfrac{\partial^2 u}{\partial x^2} + \dfrac{\partial^2 u}{\partial y^2} = \varphi; \quad u \equiv 0$ auf dem Rande.

Die Lösung dieser Gleichungen wird nach den oben beschriebenen Methoden durchgeführt. Die Resultate der Lösung sind auf der Abb. 63 gebracht; aus Symmetriegründen ist auf dem Bilde nur der achte Teil des Quadrates dargestellt.

0,000	0,071			
0,000	0,111	0,179		
0,000	0,132	0,215	0,261	
0,000	0,138	0,227	0,276	0,291

φ

0,0000	0,0106			
0,0000	0,0190	0,0342		
0,0000	0,0242	0,0437	0,0561	
0,0000	0,0260	0,0470	0,0603	0,0649

u

Abb. 63

V. WÄRMELEITUNGSGLEICHUNG

Allgemeine Einführungen

Die angenäherte numerische Lösung der Wärmeleitungsgleichung[1])

$$\frac{\partial^2 u}{\partial x^2} = a^2 \frac{\partial u}{\partial t} \tag{29}$$

oder

$$\frac{\partial^2 u}{\partial x^2} + \frac{\partial^2 u}{\partial y^2} = a^2 \frac{\partial u}{\partial t} \tag{29'}$$

mit gegebenen Anfangs- und Randbedingungen, auf die, wenn man u als Temperatur und t als Zeit ansieht, instationäre Wärmeaufgaben zurückgeführt werden, erweist sich als einfacher als die Lösung der LAPLACEschen Aufgabe. Der grundlegende Unterschied zwischen diesen Aufgaben besteht vom Gesichtspunkt der Rechnung aus darin, daß die Lösung der Wärmeleitungsgleichung ohne Hilfe der Methode der sukzessiven Näherungen erfolgt. Um die Ausführungen bestimmter zu halten, wollen wir von der Lösung der Gleichung mit der Anfangsbedingung

$$u(x, 0) = \varphi(x)$$

und den Randbedingungen

$$u(0, t) = f_0(t),$$

$$u(L, t) = f_1(t)$$

sprechen.

Wenn wir die Ableitungen durch Differenzen ersetzen, so geht Gleichung (29) über in:

$$\frac{u_{i-1,k} - 2u_{ik} + u_{i+1,k}}{h^2} = a^2 \frac{u_{i,k+1} - u_{ik}}{l}. \tag{30}$$

Hier sind mit h und l die Maschenweiten nach x und t bezeichnet, und für die Funktionswerte wird die Bezeichnung

$$u_{ik} = u(ih, kl)$$

eingeführt.

Durch Umformung der Gleichung (30) erhalten wir

$$u_{i,k+1} = \left(1 - \frac{2l}{a^2h^2}\right) u_{ik} + \frac{l}{a^2h^2} (u_{i-1,k} + u_{i+1,k}). \tag{31}$$

[1]) Über diese Gleichung siehe z. B. W. I. SMIRNOW, Lehrgang der höheren Mathematik Bd. II, 1948, oder S. L. SOBOLEW [37]. Das Buch von SMIRNOW erscheint demnächst in „Hochschulbücher für Mathematik“.

Wenn wir diese Gleichung betrachten, so sehen wir: Sobald die Funktionswerte in den Punkten $i-1$, i, $i+1$ der Reihe k bekannt sind, können wir den Funktionswert im Punkt i der folgenden Reihe $(k+1)$ berechnen (Abb. 64). Da die Funktionswerte in der untersten Reihe (für $t = 0$) gegeben sind und da sie außerdem auf den äußersten vertikalen Geraden $x = 0$ und $x = L$ bekannt sind, so können wir ohne Mühe nach Formel (31) die Funktionswerte u Reihe für Reihe ermitteln. In analoger Weise geht die Sache auch im Falle der Gleichung (29').

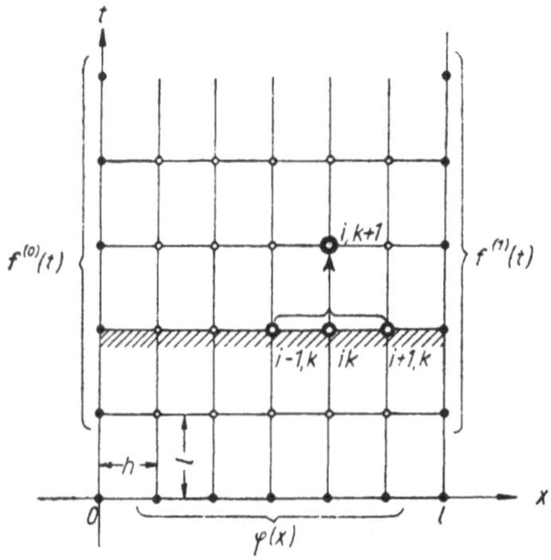

Abb. 64

Formeln zur Lösung der Wärmeleitungsgleichung

In Tabelle 19 sind die Formeln zur Lösung der Wärmeleitungsgleichung zusammengestellt. Neben den Formeln sind Skizzen gezeichnet, in denen die t-Achse nach oben gerichtet ist; für 3 Veränderliche (x, y, t) sind die Skizzen in Axonometrie konstruiert. Mit u_i ist der Funktionswert im Punkte i der Skizze bezeichnet. Zwischen den Schrittweiten in den Achsenrichtungen x, y und t wird eine Beziehung aufgestellt, die in der Tabelle ebenfalls angeführt ist. Formel 3 der Tabelle 19 wird mit Hilfe einer Überlegung gewonnen, die analog den Überlegungen von MIKELADSE ([15], S. 83) ist, die zu der Formel 4 geführt haben. Unter Benutzung der Gleichungen

$$u_{i,k-1} = u_{ik} - l\frac{\partial u_{ik}}{\partial t} + \frac{l^2}{2}\frac{\partial^2 u_{ik}}{\partial t^2} + R_{ik}^-,$$

$$u_{i,k+1} = u_{ik} + l\frac{\partial u_{ik}}{\partial t} + \frac{l^2}{2}\frac{\partial^2 u_{ik}}{\partial t^2} + R_{ik}^+$$

kommt man zu der Gleichung

$$\alpha u_{i,k-1} + \beta u_{i,k+1} - (\alpha+\beta)u_{ik} = \\ = \frac{l}{a^2}(\beta-\alpha)\frac{\partial^2 u_{ik}}{\partial x^2} + \frac{l^2}{2a^4}(\beta+\alpha)\frac{\partial^4 u_{ik}}{\partial x^4} + R_{ik}.$$

Setzt man

$$\left.\begin{aligned} \frac{l}{a^2}(\beta-\alpha) &= h^2, \\ \frac{l^2}{2a^4}(\beta+\alpha) &= \frac{h^4}{12}, \end{aligned}\right\} \tag{A}$$

so erhält man $\alpha u_{i,k-1} + \beta u_{i,k+1} - (\alpha+\beta)u_{ik} \approx u_{i+1,k} - 2u_{ik} + u_{i-1,k}$. (B)

Das Gleichungssystem (A) kann man in der Form

$$\beta - \alpha = \varepsilon,$$

$$\beta + \alpha = \frac{\varepsilon^2}{6}$$

schreiben, worin $\varepsilon = \frac{a^2 h^2}{l}$ ist. Wenn man dies auflöst, so findet man

$$\alpha = \frac{\varepsilon^2}{12} - \frac{\varepsilon}{2},$$

$$\beta = \frac{\varepsilon^2}{12} + \frac{\varepsilon}{2}.$$

Sehr einfache Werte α und β erhält man, wenn man

$$\varepsilon = \frac{a^2 h^2}{l} = 6$$

setzt. Dann wird $\alpha = 0$, $\beta = 6$, und man hat aus (B)

$$6u_{i,k+1} - 6u_{ik} \approx u_{i+1,k} - 2u_{ik} + u_{i-1,k},$$

hieraus folgt

$$u_{i,k+1} = \frac{u_{i+1,k} + 4u_{ik} + u_{i-1,k}}{6}.$$

TABELLE 19

Formeln zur Lösung der Wärmeleitungsgleichung

I. $\frac{\partial^2 u}{\partial x^2} = a^2 \frac{\partial u}{\partial t}$

Nr.	Skizze	Beziehung zwischen l und h	Formel	Größenordnung des Fehlers
1	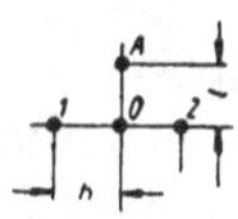	beliebig	$u_A = \left(1 - \frac{2l}{a^2h^2}\right) u_0 + \frac{l}{a^2h^2}(u_1 + u_2)$	
2	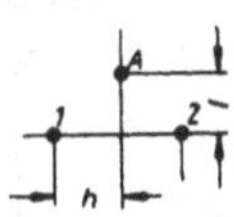	$l = \frac{a^2h^2}{2}$	$u_A = \frac{1}{2}(u_1 + u_2)$	h^2
3	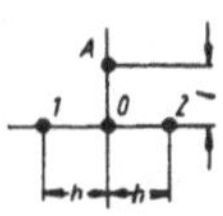	$l = \frac{a^2h^2}{6}$	$u_A = \frac{u_1 + 4u_0 + u_2}{6}$	h^4
4	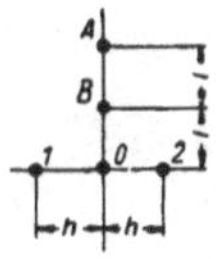	$l = \frac{a^2h^2}{16}$	$u_A = \frac{32u_B + 2u_0 + 3(u_1 + u_2)}{40}$	h^4

Fortsetzung der Tabelle 19

II. $\frac{\partial^2 u}{\partial x^2} + \frac{\partial^2 u}{\partial y^2} = a^2 \frac{\partial u}{\partial t}$

Nr.	Skizze	Beziehung zwischen l und h	Formel	Größenordnung des Fehlers
5	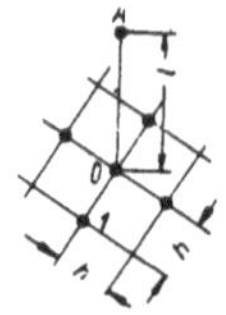	beliebig	$u_A = \left(1 - \frac{4l}{a^2h^2}\right) u_0 + \frac{l}{a^2h^2}(u_1+u_2+u_3+u_4)$	
6	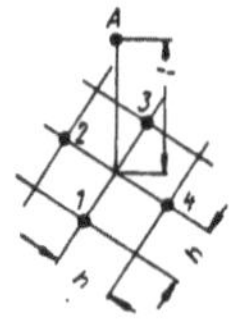	$l = \frac{a^2h^2}{4}$	$u_A = \frac{1}{4}(u_1+u_2+u_3+u_4)$	h^2
7	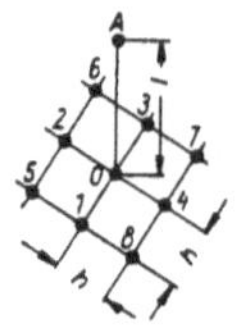	$l = \frac{a^2h^2}{6}$	$u_A = \frac{16u_0 + 4(u_1+u_2+u_3+u_4)}{36} + \frac{u_5+u_6+u_7+u_8}{36}$	h^4

Lösung der Wärmeleitungsgleichung in einem Dreiecksnetz

In Tabelle 20 werden die Formeln zur Lösung der Wärmeleitungsgleichung für ein Netz gleichseitiger Dreiecke gebracht, wie es von P. P. JUSCHKOW [30] vorgeschlagen wurde. Die t-Achse ist in der Skizze nach oben gerichtet.

TABELLE 20

Formeln zur Lösung der Wärmeleitungsgleichung in einem Dreiecksnetz

Nr.	Skizze	Beziehung zwischen l und h	Formel	Größenordnung des Fehlers
1	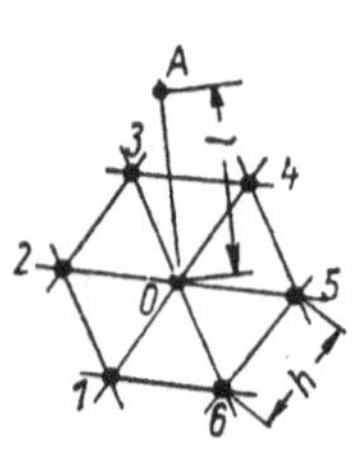	beliebig $l < \frac{a^2h^2}{4}$	$u_A = \left(1 - \frac{4l}{a^2h^2}\right) u_0 + \frac{2l}{3a^2h^2}(u_1+u_2+u_3+u_4+u_5+u_6)$	h^2
2		$l = \frac{a^2h^2}{8}$	$u_A = \frac{1}{2} u_0 + \frac{1}{12}(u_1+u_2+u_3+u_4+u_5+u_6)$	h^4

Verbesserung der Randwerte

Die Verbesserung der Randwerte wird analog dazu ausgeführt, wie es bei der Lösung der LAPLACEschen und der POISSONschen Gleichung (siehe S. 38) gemacht wurde. Die entsprechende Formel ([29], S. 21) hat die Gestalt:

$$u_A = \frac{h}{2\delta}\,\frac{h\varphi_2 + \delta u_4}{h+\delta} + \frac{u_1 + u_3}{4} + u_0\left(1 - \frac{h+\delta}{2\delta}\right).$$

Die Beziehung zwischen l und h ist $l = \frac{a^2h^2}{4}$.

Die Punkte 1, 2, 3, 4 sind in Abb. 65 eingezeichnet. Mit φ_2 ist wie früher die auf dem tatsächlichen Rande des Gebietes vorgegebene Größe der Funktion u bezeichnet.

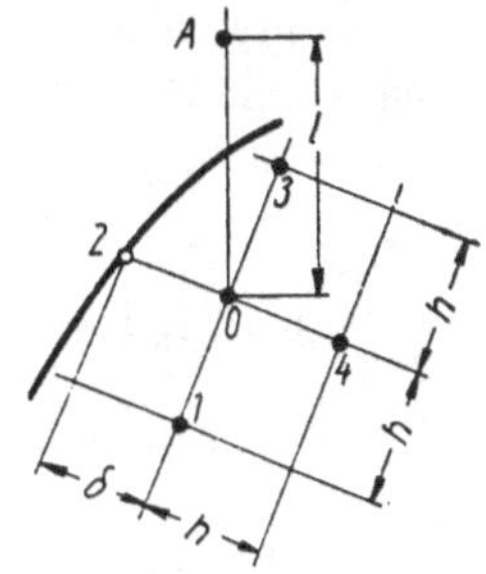

Abb. 65

Randbedingungen gemischten Typs

Bisher wurde der Lösungsgang für die Wärmeleitungsgleichung gezeigt, wenn die Funktionswerte auf dem Rande gegeben waren. Oft wird als Randbedingung eine Kombination

$$au + b\frac{\partial u}{\partial n} = c \tag{32}$$

vorgegeben, worin a, b, c gegebene Funktionen des Ortes (der Veränderlichen x, y) und der Zeit (der Veränderlichen t) sind. Bei Aufgaben dieser Art bleibt natürlich alles in Kraft, was oben bezüglich der Übertragung der Randbedingungen auf den Rand des Netzgebietes usw. gesagt wurde.

Wir erwähnen hier nur die charakteristischen Besonderheiten derartiger Aufgaben für die Wärmeleitungsgleichung, indem wir annehmen, daß die Bedingung (32) schon für den Rand des Netzgebietes in der Form

$$u_0 = \frac{c + \varkappa u_1}{a + \varkappa}$$

angeschrieben sei; die Umformung auf diese Gestalt siehe oben Formel (13). Mit u_0 wird hier der Wert u auf dem Rande, mit u_1 der Wert im nächsten inneren Punkte bezeichnet.

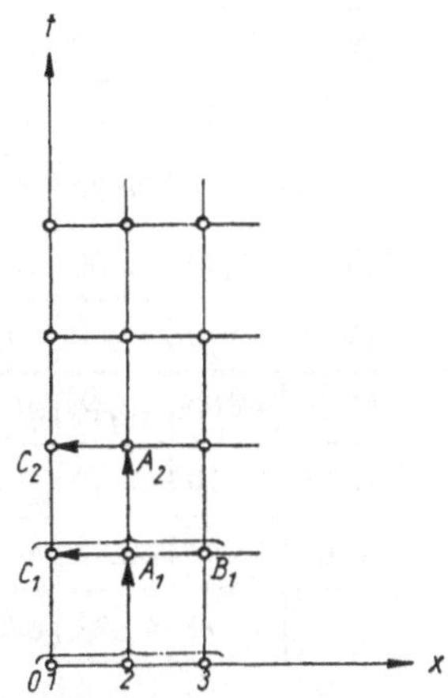

Abb. 66

Der Lösungsgang ist folgender: Uns sind die Anfangswerte in den Punkten 1, 2, 3 ... bekannt (Abb. 66, der Einfachheit halber betrachten wir den eindimensionalen Fall). Aus ihnen bestimmen wir mit Hilfe der allgemeinen Formeln die Funktionswerte u in den inneren Punkten A_1, B_1, ... der ersten Reihe (siehe Abb. 66). Wenn wir den Funktionswert u im Punkte A_1 kennen (er sei u_A), bestimmen wir den Randwert im Punkte C_1 nach Formel (13):

$$u_c = \frac{c + \varkappa u_A}{a + \varkappa}.$$

Nach Bestimmung dieser Werte können wir die Werte u in allen inneren Punkten der folgenden Reihe (in den Punkten A_2, B_2 usw.) finden. Für die Berechnung im Punkte A_2 müssen wir den eben gefundenen Randwert benutzen. Wenn der Wert u im Punkte A_2 gefunden ist, so müssen wir wieder unter Benutzung der Formel (13) den Randwert im Punkte C_2 usw. finden. Wenn a, b, c von x, y und t abhängen, so erhalten sie für jeden Randpunkt und in jeder Reihe ihre besonderen Werte.

Beispiele

Beispiel 1. Lösung der Gleichung

$$\frac{\partial^2 u}{\partial x^2} + \frac{\partial^2 u}{\partial y^2} = \frac{\partial u}{\partial t}$$

für ein Quadrat mit einer Seitenlänge von 11 Einheiten. Die Rand- und Anfangswerte sind in Abb. 67 gegeben. Die Randwerte sind konstant.

Die Lösung führen wir nach Formel 6 der Tabelle 19 aus. Die Schrittweite nach t wird durch die Formel

$$l = \frac{a^2 h^2}{4}$$

	0	0	0	0	0	0	0	0	0	0	
7,82	7,11	6,40	5,69	4,98	4,27	3,55	2,84	2,13	1,42	0,61	0
15,45	14,05	12,64	11,24	9,83	8,43	7,02	5,62	4,21	2,81	1,42	0
22,70	20,64	18,57	16,51	14,45	12,38	10,32	8,25	6,20	4,21	2,13	0
29,39	26,72	24,05	21,37	18,70	16,03	13,36	10,69	8,25	5,62	2,84	0
35,36	32,15	28,93	25,72	22,50	19,29	16,07	13,36	10,32	7,02	3,55	0
40,45	36,20	32,60	29,05	25,80	22,55	19,29	16,03	12,38	8,43	4,27	0
44,55	40,80	37,05	33,30	29,55	25,80	22,50	18,70	14,45	9,83	4,98	0
47,56	44,00	40,44	36,88	33,30	29,05	25,75	21,37	16,51	11,24	5,69	0
49,38	46,40	43,42	40,44	37,05	32,60	28,93	24,05	18,57	12,64	6,40	0
50,00	48,20	46,40	44,00	40,80	36,20	32,15	26,72	20,64	14,05	7,11	0
	50,00	49,38	47,56	44,55	40,45	35,36	29,39	22,70	15,45	7,82	

Abb. 67

bestimmt. In unserem Falle ist $a = 1$. Wählen wir $h = 1$ (dieser Wahl entspricht Abb. 67), so erhalten wir:

$$l = 0{,}25.$$

In Abb. 68 ist die Lösung durchgeführt für t von $t = 0{,}25$ bis $t = 2{,}50$ (die Temperaturverteilung für $t = 0{,}00$ ist in Abb. 67 gegeben).

0,25

7,07	6,36	5,66	4,95	4,24	3,53	2,82	2,12	1,41	0,71
13,96	12,56	11,17	9,78	8,38	6,98	5,58	4,19	2,82	
20,51	18,46	16,41	14,36	12,31	10,25	8,21	6,23		
26,56	23,90	21,24	18,59	15,93	13,28	10,81			
31,80	28,63	25,46	22,38	19,29	16,32				
36,50	32,81	29,36	25,91	22,54					
40,44	36,78	33,13	29,55						
43,80	40,34	36,87							
46,25	43,42								
48,20									

0,50

7,04	6,32	5,62	4,92	4,22	3,51	2,81	2,10	1,41	0,70
13,90	12,48	11,10	9,72	8,33	6,94	5,55	4,19	2,80	
20,42	18,34	16,31	14,27	12,23	10,20	8,22	6,20		
26,40	23,72	21,09	18,48	15,87	13,33	10,74			
31,76	28,49	25,40	22,31	19,29	16,28				
36,38	32,82	29,33	25,96	22,60					
40,40	36,68	33,14	29,52						
43,65	40,22	36,74							
46,20	43,30								
48,12									

0,75

7,01	6,28	5,58	4,89	4,19	3,49	2,79	2,10	1,40	0,70
13,85	12,42	11,03	9,66	8,28	6,90	5,54	4,16	2,80	
20,34	18,23	16,20	14,18	12,17	10,18	8,17	6,20		
26,32	23,58	20,98	18,38	15,83	13,27	10,78			
31,66	28,43	25,30	22,28	19,26	16,31				
36,36	32,72	29,33	25,94	22,62					
40,32	36,64	33,07	29,55						
43,60	40,09	36,68							
46,11	43,21								
48,10									

Abb. 68

1,00

7,00	6,25	5,55	4,86	4,16	3,47	2,78	2,09	1,40	0,70
13,80	12,35	10,96	9,60	8,23	6,87	5,50	4,16	2,78	
20,28	18,12	16,10	14,10	12,12	10,13	8,18	6,16		
26,24	23,49	20,86	18,32	15,77	13,28	10,72			
31,62	28,34	25,26	22,22	19,26	16,26				
36,29	32,69	29,26	25,94	22,60					
40,29	36,55	33,05	29,55						
43,52	40,03	36,58							
46,07	43,10								
48,06									

1,25

6,97	6,22	5,52	4,85	4,14	3,45	2,76	2,08	1,39	0,70
13,77	12,28	10,90	9,57	8,19	6,83	5,50	4,13	2,78	
20,22	18,06	16,01	14,04	12,06	10,11	8,12	6,17		
26,20	23,39	20,79	18,24	15,74	13,22	10,73			
31,56	28,26	25,17	22,20	19,21	16,27				
36,26	32,61	29,27	25,91	22,60					
40,23	36,52	32,98	29,50						
43,49	39,94	36,54							
46,02	43,05								
48,04									

1,50

6,95	6,19	5,50	4,81	4,12	3,43	2,76	2,07	1,39	0,70
13,73	12,24	10,84	9,50	8,15	6,81	5,46	4,13	2,76	
20,18	17,95	15,95	13,97	12,02	10,06	8,13	6,13		
26,14	23,35	20,70	18,19	15,68	13,21	10,67			
31,52	28,18	25,13	22,13	19,20	16,22				
36,21	32,58	29,17	25,89	22,56					
40,20	36,44	32,96	29,44						
43,44	39,90	36,46							
45,99	42,98								
48,01									

Abb. 68 (Fortsetzung)

1,75

6,94	6,17	5,46	4,78	4,10	3,42	2,74	2,07	1,38	0,70
13,70	12,18	10,80	9,44	8,11	6,78	5,46	4,10	2,76	
20,13	17,93	15,87	13,92	11,96	10,04	8,08	6,13		
26,11	23,24	20,66	18,12	15,66	13,16	10,67			
31,47	28,14	25,04	22,10	19,15	16,20				
36,19	32,50	29,14	25,82	22,54					
40,16	36,41	32,88	29,42						
43,41	39,83	36,43							
45,95	42,94								
48,00									

2,00

6,92	6,14	5,44	4,75	4,08	3,40	2,74	2,06	1,38	0,69
13,68	12,15	10,74	9,40	8,07	6,76	5,42	4,10	2,74	
20,11	17,86	15,83	13,85	11,93	10,00	8,08	6,09		
26,06	23,21	20,57	18,08	15,60	13,14	10,62			
31,45	28,06	25,01	22,03	19,12	16,16				
36,14	32,47	29,06	25,80	22,48					
40,14	36,34	32,85	29,35						
43,38	39,80	36,36							
45,93	42,89								
47,98									

2,25

6,91	6,13	5,41	4,73	4,06	3,40	2,72	2,06	1,37	0,69
13,66	12,10	10,70	9,35	8,04	6,72	5,42	4,08	2,74	
20,08	17,82	15,76	13,81	11,88	9,98	8,03	6,09		
26,04	23,14	20,53	18,01	15,57	13,10	10,61			
31,40	28,04	24,93	22,00	19,07	16,13				
36,13	32,40	29,03	25,73	22,46					
40,10	36,32	32,78	29,32						
43,36	39,74	36,32							
45,91	42,86								
47,96									

Abb. 68 (Fortsetzung)

2,50

6,90	6,10	5,39	4,70	4,04	3,39	2,72	2,04	1,37	0,68
13,64	12,08	10,66	9,32	8,00	6,71	5,29	4,08	2,72	
20,06	17,77	15,72	13,75	11,85	9,93	8,02	6,06		
26,00	23,11	20,46	17,98	15,52	13,07	10,56			
31,39	27,97	24,90	21,94	19,04	16,08				
36,09	32,38	28,96	25,70	22,40					
40,09	36,26	32,75	29,26						
43,33	39,72	36,26							
45,89	42,82								
47,96									

Abb. 68 (Schluß)

Beispiel 2 ([15], S. 85). Lösung der Gleichung

$$\frac{\partial u}{\partial t} = 1,1 \frac{\partial^2 u}{\partial x^2}$$

für einen Stab von 44 cm Länge. Für $t = 0$ ist die Temperatur längs des Stabes nach dem Gesetz

$$u = 5 \sin \frac{\pi x}{44}$$

verteilt. An den Enden des Stabes wird die Temperatur konstant $u = 0$ gehalten.

Die Lösung wollen wir nach Formel 4 der Tabelle 19 durchführen. Setzen wir $h = 8,8$ cm, $\frac{1}{a^2} = 1,1$, so finden wir für l nach der Formel

$$l = \frac{a^2 h^2}{16}$$

den Wert $$l = 4,4.$$

Da man für die Berechnung nach Formel 4 der Tabelle 19 die Werte u für zwei vorhergehende Reihen kennen muß, berechnen wir den Wert u für die Reihe 4,4 nach Formel 2 der Tabelle 19; um aber dabei keine Genauigkeit zu verlieren, nehmen wir hier die Teilung kleiner, und zwar setzen wir $h = 2,2$. Dann erhalten wir aus der Beziehung

$$l = \frac{a^2 h^2}{2}$$

auch $$l = 2,2.$$

Den Wert von u für $t = 4,4$ können wir erhalten, indem wir zweimal die Formel 2 der Tabelle 19 anwenden. Nachdem wir den Wert u für $t = 4,4$ haben, ist die weitere Berechnung sehr leicht durchzuführen. Sie wird in Abb. 69 gebracht. Die Berechnung wurde bis $t = 44,0$ durchgeführt.

44,0	0	2,296	3,715	3,715	2,296	0
39,6	0	2,353	3,808	3,808	2,353	0
35,2	0	2,412	3,903	3,903	2,412	0
30,8	0	2,472	4,001	4,001	2,472	0
26,4	0	2,534	4,101	4,101	2,534	0
22,0	0	2,597	4,203	4,203	2,597	0
17,6	0	2,662	4,308	4,308	2,662	0
13,2	0	2,729	4,416	4,416	2,729	0
8,8	0	2,797	4,526	4,526	2,797	0
4,4	0	2,867	4,639	4,639	2,867	0
$t = 0$	0	2,939	4,755	4,755	2,939	0
	$x = 0$	8,8	17,6	26,4	35,2	44,0

Abb. 69

Beispiel 3. Verbesserung der Randwerte. Lösung der Gleichung

$$\frac{\partial^2 u}{\partial x^2} + \frac{\partial^2 u}{\partial y^2} = 4\,\frac{\partial u}{\partial t}$$

für die Ellipse $4x^2 + 16y^2 = 1.$

Auf der Ellipse haben wir $u = e^{-0,5\,t} \cos x \cos y.$

Die Anfangswerte sind $u(x, y, 0) = \cos x \cos y.$

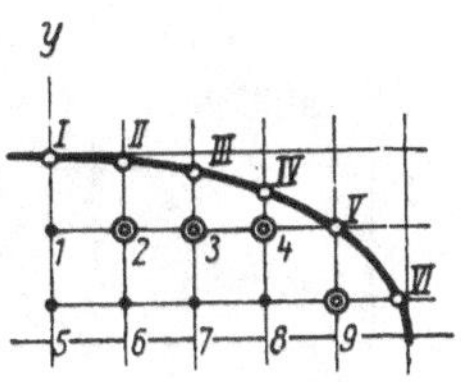

Abb. 70

Aus Symmetriegründen genügt es, die Lösung für ein Viertel der Ellipse anzugeben (Abb. 70). Die Koordinaten der Punkte I—VI sollen bestimmt werden. Die Randwerte in diesen Punkten werden nach der Formel berechnet, durch die die Funktion u auf dem Rande festgelegt ist. Die Maschenweite in der x, y-Ebene wird gleich 0,1 gewählt: $h = 0,1$. Die Schrittweite nach t wird aus der Beziehung

$$l = \frac{a^2 h^2}{4} = \frac{4 \cdot 0,01}{4} = 0,01$$

bestimmt. Die Werte von u in den Punkten 1, 5, 6, 7, 8 werden nach der Formel 6 der Tabelle 19, in den Punkten 2, 3, 4, 9 nach der Formel auf Seite 89 berechnet. In Abb. 71 werden die Lösungen bis $t = 0,1$ gebracht. Auf der letzten Schablone ($t = 0,1$) ist zum Vergleich in Klammern die genaue Lösung für $t = 0,1$ angegeben.

I 0,96891	II 0,96530	III 0,95446	IV 0,93630	$t = 0$ (Anfangswerte)	
1 0,98877	2 0,98383	3 0,96906	4 0,944[illegible]1	V 0,91072	
5 0,99875	6 0,99376	7 0,97884	8 0,95415	9 0,91991	VI 0,88128

Abb. 71

$t = 0{,}01$

I 0,96408	II 0,96048	III 0,94970	IV 0,93163		
1 0,98383	2 0,97893	3 0,96423	4 0,93991	V 0,90618	
5 0,99376	6 0,98880	7 0,97395	8 0,94938	9 0,91532	VI 0,87688

$t = 0{,}02$

I 0,95927	II 0,95570	III 0,94496	IV 0,92698		
1 0,97892	2 0,97403	3 0,95942	4 0,93519	V 0,90166	
5 0,98880	6 0,98386	7 0,96909	9 0,94464	9 0,91074	VI 0,87251

$t = 0{,}03$

I 0,95448	II 0,95093	III 0,94025	IV 0,92236		
1 0,97403	2 0,96917	3 0,95462	4 0,93054	V 0,89716	
5 0,98386	6 0,97894	7 0,96425	8 0,93992	9 0,90620	VI 0,86816

$t = 0{,}04$

I 0,94973	II 0,94619	III 0,94556	IV 0,91776		
1 0,96917	2 0,96433	3 0.94986	4 0,92589	V 0,89269	
5 0,97894	6 0,97406	7 0,95943	8 0,93523	9 0,90168	VI 0,86383

Abb. 71 (Fortsetzung)

$t = 0{,}05$

I 0,94499	II 0,94147	III 0,93089	IV 0,91318		
1 0,96433	2 0,95952	3 0,94512	4 0,92128	V 0,88823	
5 0,97406	6 0,96919	7 0,95464	8 0,93056	9 0,89718	VI 0,85952

$t = 0{,}06$

I 0,94028	II 0,93678	III 0,92626	IV 0,90863		
1 0,95952	2 0,95473	3 0,94040	4 0,91667	V 0,88381	
5 0,96919	6 0,96435	7 0,94988	8 0,92952	9 0,89270	VI 0,85524

$t = 0{,}07$

I 0,93559	II 0,93210	III 0,92164	IV 0,90410		
1 0,95473	2 0,94996	3 0,93571	4 0,91211	V 0,87940	
5 0,96435	6 0,95954	7 0,94514	8 0,92129	9 0,88825	VI 0,85097

$t = 0{,}08$

I 0,93092	II 0,92745	III 0,91704	IV 0,89959		
1 0,94996	2 0,94522	3 0,93104	4 0,90755	V 0,87501	
5 0,95954	6 0,95475	7 0,94042	8 0,91670	9 0,88382	VI 0,84673

Abb. 71 (Fortsetzung)

$t = 0{,}09$

I 0,92628	II 0,92283	III 0,91246	IV 0,89510		
1 0,94522	2 0,94051	3 0,92639	4 0,90303	V 0,87065	
5 0,95475	6 0,94998	7 0,93573	8 0,91212	9 0,87941	VI 0,84250

$t = 0{,}10$

I 0,92166	II 0,91822	III 0,90791	IV 0,89064		
1 0,94050 (0,94055)	2 0,93581 (0,93585)	3 0,92178 (0,92180)	4 0,89852 (0,89854)	V 0,86630	
5 0,94988 (0,95004)	6 0,94524 (0,94529)	7 0,93106 (0,93111)	8 0,90757 (0,90761)	9 0,87502 (0,87504)	VI 0,83830

Abb. 71 (Schluß)

VI. WELLEN- UND TELEGRAPHENGLEICHUNG

Allgemeine Bemerkungen

Zur Lösung von Gleichungen des hyperbolischen Typs wird das Differenzenverfahren wesentlich seltener benutzt als zur Lösung von Gleichungen des elliptischen oder parabolischen Typs. Das ist auch verständlich, da die hyperbolischen Gleichungen oft mit großem Erfolg nach anderen Methoden gelöst werden können. Jedoch ist in manchen Fällen auch das Differenzenverfahren nützlich; wir gehen jetzt hierauf ein, aber kürzer, als wir es bei den anderen Gleichungen taten.

Man habe die Wellengleichung $$\frac{\partial^2 u}{\partial t^2} = a^2 \frac{\partial^2 u}{\partial x^2} \tag{33}$$

mit den Anfangsbedingungen $u = f(x), \quad \dfrac{\partial u}{\partial t} = \varphi(x)$

für $t = 0$ und den Randbedingungen

$$u(0, t) = F(t), \quad u(L, t) = \Phi(t).$$

Beim Übergang zur Differenzengleichung legen wir gleich ein festes Verhältnis zwischen den Schrittweiten nach x und t fest, indem wir

$$l = \frac{h}{a} \tag{34}$$

setzen (siehe [10]).

Wenn man das zugehörige Netz konstruiert, verlaufen die Diagonalen der Rechtecke gerade längs der Charakteristiken der betrachteten Gleichung, die bekanntlich durch die Formel

$$x \pm at = \text{const}$$

gegeben sind.

Geht man von Gleichung (33) zu der entsprechenden Differenzengleichung über, so hat man

$$\frac{u_{i,k+1} - 2u_{ik} + u_{i,k-1}}{l^2} = a^2 \frac{u_{i+1,k} - 2u_{ik} + u_{i-1,k}}{h^2},$$

woraus man mit Rücksicht auf (34) Gleichung (33)

$$u_{i,k+1} = u_{i+1,k} + u_{i-1,k} - u_{i,k-1} \tag{35}$$

erhält. Diese Gleichung ist die Differenzengleichung. In Abb. 72 ist der Weg zu ihrer Lösung skizziert. In dieser Skizze ist gezeigt, wie jeder neue Wert u gebildet wird; insbesondere ist daran zu sehen, daß für die Bildung des Wertes u einer Reihe die Werte aus den zwei vorhergehenden Reihen benutzt werden im Gegensatz zur Wärmeleitungsgleichung, wo eine Reihe genügte (siehe Abb. 64). Für den Beginn der Rechnung braucht man ebenfalls die Kenntnis von u in zwei Reihen. Dies wird dadurch erreicht, daß für $t = 0$ die Funktion $u = f(x)$ und die Ableitung

$$\frac{\partial u}{\partial t} = \varphi(x) \tag{36}$$

gegeben sind. Ersetzt man die Beziehung (36) durch die Differenzengleichung, so erhält man für den Punkt $x = hi$

$$\frac{u_{i,-1} - u_{i0}}{l} = \varphi_i,$$

woraus

$$u_{i,-1} = u_{i0} + l\varphi_i \tag{37}$$

folgt.

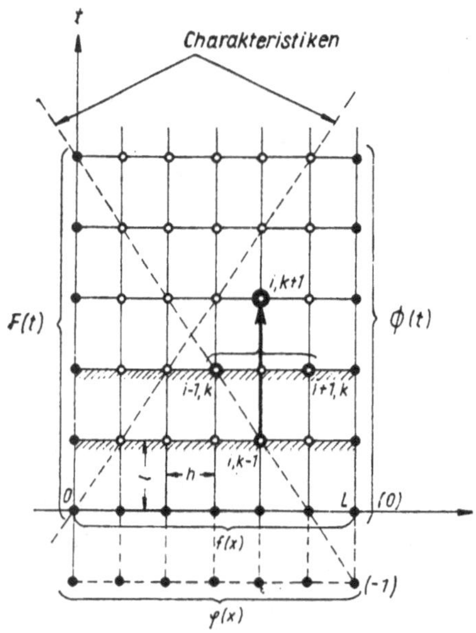

Abb. 72

Formel (37) gibt die Werte von u in der zweiten Reihe [Reihe (−1) in Abb. 72]. Hat man diese sowie die Werte u in der Reihe (0), so kann man schon mit den Berechnungen anfangen. Statt dieses Verfahrens kann man auch die Werte in der Reihe (+1) mit Hilfe der TAYLORschen Formel ausrechnen. Dieses Verfahren ist sogar vorzuziehen, falls analytische Ausdrücke der Funktionen $f(x)$ und $\varphi(x)$ bekannt sind. Was die Randbedingungen betrifft, so bleibt hier alles buchstäblich bestehen, was für die Wärmeleitungsgleichung gesagt wurde.

Am Beispiel der Wellengleichung sind die spezifischen Besonderheiten der Aufgabenstellung und Lösung zur Ermittlung des Integrals einer hyperbolischen Gleichung schon klar ersichtlich. Es ist z. B. leicht zu sehen, daß, wenn die Rand- und Anfangswerte in den Punkten gegeben sind, die in Abb. 73 schwarz gekennzeichnet sind, die Lösung im Gebiet A bestimmt werden kann, das in diesem Bild mit weißen Punkten belegt ist. Dieses Gebiet ist von den Charakteristiken begrenzt, die durch die letzten Punkte mit bekannten Randwerten auf den vertikalen Geraden hindurchgehen (siehe [37]). Ebenso ist leicht zu sehen, daß man auf analoge Weise die Aufgabe der Ermittlung der Funktion u, die in den Gitterpunkten die Gleichung (35) befriedigt, auch in dem Fall lösen kann, wenn die Werte u auf zwei Charakteristiken gegeben sind (Abb. 74); in diesem Fall kann die Lösung im Gebiet A bestimmt werden. Es ist schließlich zu bemerken, daß man, wenn die Lösung der Gleichung (35) in irgendeinem Gebiet A gefunden ist (Abb. 75), das nicht von Charakteristiken, sondern von anderen Linien begrenzt ist, die Lösung ergänzen kann, indem man sie in jenem Teilgebiet A' bestimmt, das man erhält, wenn man die Charakteristiken durch die äußersten Punkte des Gebietes A zieht. Hierbei wird der Wert der Funktion u im Punkte $(i+1, k)$ aus den Werten in der Nachbarschaft (Abb. 75) nach der Formel

$$u_{i+1,k} = u_{i,k+1} + u_{i,k-1} - u_{i-1,k}$$

gefunden, die sich aus Formel (35) ergibt.

Wir untersuchen hier die Lösung der Wellengleichung. Die Telegraphengleichung

$$\frac{\partial^2 w}{\partial x^2} = a^2 \frac{\partial^2 w}{\partial t^2} + b^2 \frac{\partial w}{\partial t} + c^2 w \qquad (b^4 - 4a^2c^2 > 0) \tag{38}$$

geht nach der Transformation

$$w(x, t) = e^{-\frac{b^2}{2a^2} \cdot t} u(x, t) \tag{39}$$

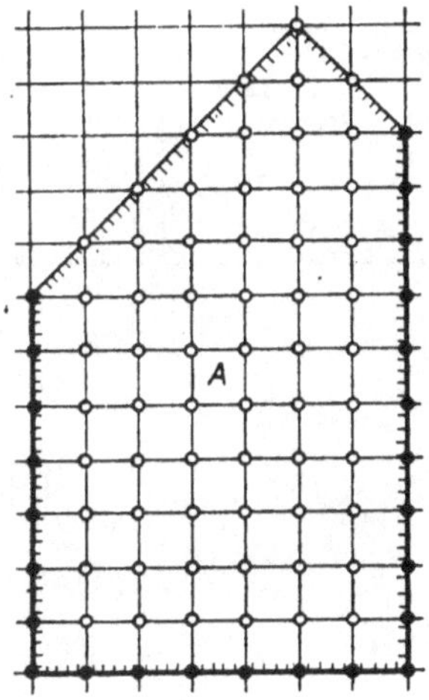

Abb. 73

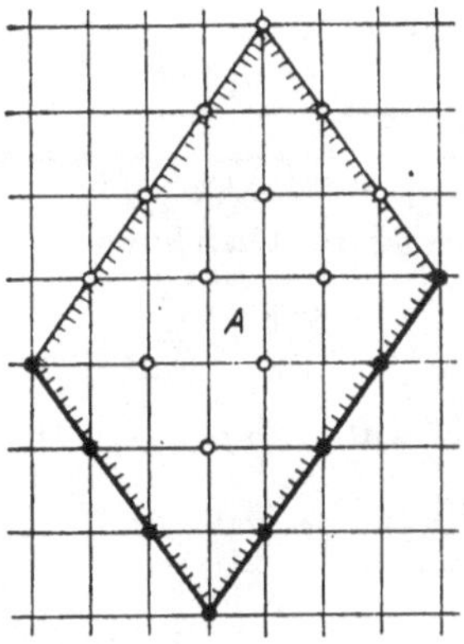

Abb. 74

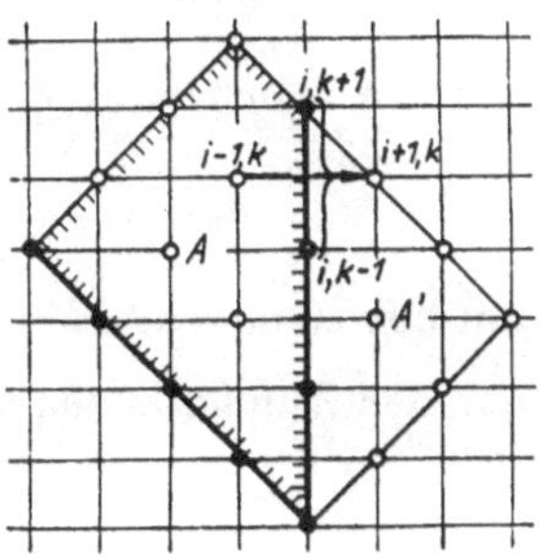

Abb. 75

in die Gleichung

$$\frac{\partial^2 u}{\partial x^2} = a^2 \frac{\partial^2 u}{\partial t^2} - \gamma^2 u \tag{40}$$

über, wobei

$$\gamma^2 = \frac{b^4}{4a^2} - c^2 \tag{41}$$

ist. Die Lösung der Gleichung (40) wird in genau derselben Weise wie die Lösung der Gleichung (33) bewerkstelligt, nur sieht die Differenzengleichung (35) etwas anders aus (siehe Tabelle 21).

Formeln zur Lösung der Wellen- und der Telegraphengleichung

In Tabelle 21 sind die Formeln zur Lösung der Wellen- und der Telegraphengleichung angeführt. Neben den Formeln sind Skizzen angegeben, in denen die t-Achse nach oben gerichtet ist; mit u_i ist der Funktionswert im Punkte i bezeichnet. Die Telegraphengleichung wird in der Form (40) angenommen. Das Verhältnis zwischen den Schrittweiten nach x und t ist durch Gleichung (34) gegeben.

TABELLE 21

Formeln zur Lösung der Wellen- und der Telegraphengleichung

Nr.	Gleichung	Skizze	Beziehung zwischen l und h	Formel	Größenordnung des Fehlers
1	$\frac{\partial^2 u}{\partial t^2} = a^2 \frac{\partial^2 u}{\partial x^2}$	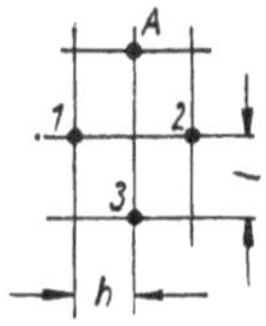	$l = \frac{h}{a}$	$u_A = u_1 + u_2 - u_3$	h^2
2	$\frac{\partial^2 u}{\partial t^2} = a^2 \frac{\partial^2 u}{\partial x^2} + b^2 u$	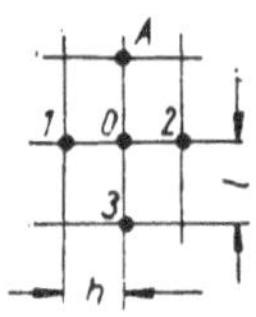	$l = \frac{h}{a}$	$u_A = u_1 + u_2 - u_3 + \frac{b^2 h^2}{a^2} u_0$	h^2

Beispiel ([15], S. 60). Lösung der Gleichung

$$\frac{\partial^2 u}{\partial t^2} = \frac{\partial^2 u}{\partial x^2}$$

mit den Randbedingungen $u(0, t) = u(\pi, t) = 0$

und den Anfangsbedingungen

$$\left.\begin{aligned} u &= x(\pi - x) \\ \frac{\partial u}{\partial t} &= 0 \end{aligned}\right\} \text{für } t = 0.$$

Wir wählen $h = l = \frac{\pi}{18}$. Die Werte u_{i1} in der Reihe $t = \frac{\pi}{18}$ berechnen wir aus der TAYLORschen Formel, indem wir

$$u_{i1} \approx u_{i0} + h \frac{\partial u_{i0}}{\partial t} + \frac{h^2}{2} \frac{\partial^2 u_{i0}}{\partial t^2}$$

setzen und aus der gegebenen Gleichung

$$\frac{\partial^2 u_{i0}}{\partial t^2} = \frac{\partial^2 u_{i0}}{\partial x^2}$$

berücksichtigen. So wird $u_{i1} = u_{i0} - h^2 = u_{i0} - 0{,}03046$.

Weiter wird die Lösung nach Formel 1 der Tabelle 21 durchgeführt. Sie ist in Abb. 76 angegeben, in dem wegen der Symmetrie nur die Hälfte des Streifens von $x = 0$ bis $x = \frac{\pi}{2}$ dargestellt ist. Andere Beispiele kann man in dem Buch von MIKELADSE [15] und in den Artikeln von GAWRILOW [1] und [2] finden.

9 h	0	0	0,00001	—0,00001	0,00003	—0,00002	0,00004	—0,00002	0,00005	—0,00002
8 h	0	0,06093	0,12184	0,18279	0,24368	0,30465	0,36552	0,42651	0,48737	0,51790
7 h	0	0,12184	0,24371	0,36553	0,48741	0,60922	0,73112	0,85291	0,94436	0,97476
6 h	0	0,18278	0,36553	0,54833	0,73107	0,91388	1,09661	1,24897	1,34030	1,37082
5 h	0	0,24369	0,48740	0,73107	0,97480	1,21846	1,43173	1,58400	1,67543	1,70584
4 h	0	0,30462	0,60923	0,91387	1,21846	1,49265	1,70585	1,85819	1,94954	1,98004
3 h	0	0,36554	0,73109	1,09662	1,43172	1,70585	1,91911	2,07139	2,16280	2,19324
2 h	0	0,42647	0,85293	1,24894	1,58401	1,85818	2,07139	2,22372	2,31509	2,34556
h	0	0,48739	0,94432	1,34032	1,67540	1,94955	2,16279	2,31509	2,40648	2,43694
$t=0$	0	0,51785	0,97478	1,37078	1,70586	1,98001	2,19325	2,34555	2,43694	2,46740
	$x=0$	h	2 h	3 h	4 h	5 h	6 h	7 h	8 h	9 h

Abb. 76

VII. QUASILINEARE HYPERBOLISCHE SYSTEME

Allgemeine Bemerkungen

Sehr viele Aufgaben, die von bedeutendem theoretischen und praktischen Interesse sind, führen auf die Lösung von Systemen von Differentialgleichungen der Form

$$\left.\begin{aligned} a_{11}\frac{\partial u}{\partial x}+a_{12}\frac{\partial v}{\partial x}+b_{11}\frac{\partial u}{\partial y}+b_{12}\frac{\partial v}{\partial y}=e_1,\\ a_{21}\frac{\partial u}{\partial x}+a_{22}\frac{\partial v}{\partial y}+b_{21}\frac{\partial u}{\partial y}+b_{22}\frac{\partial v}{\partial y}=e_2,\end{aligned}\right\} \tag{42}$$

wo $a_{11}, a_{12}, b_{11}, \ldots, b_{22}, e_1, e_2$ Funktionen von x, y, u, v sind. Die Gleichungen der Form (42) heißen quasilinear. (Wenn die Koeffizienten $a_{11}, \ldots, e_2$ nicht von u und v abhängen, dann werden die Gleichungen schlechthin linear [31], S. 35.) Sind hierbei in einem Gebiet der Werte x, y, u, v die Wurzeln χ_1 und χ_2 der Gleichung

$$\begin{vmatrix} b_{11}-a_{11}\chi & b_{12}-a_{12}\chi \\ b_{21}-a_{21}\chi & b_{22}-a_{22}\chi \end{vmatrix}=0 \tag{43}$$

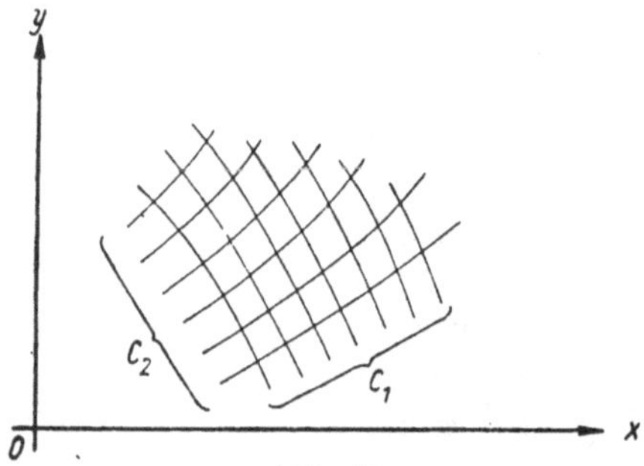

Abb. 77

reell und verschieden, so heißen die Gleichungen (42) hyperbolische Gleichungen in diesem Gebiet ([32], S. 39). Die Lösung eines quasilinearen hyperbolischen Systems der Form (42) kann auf die Integration der Gleichungen der Charakteristiken zurückgeführt werden, die in bekannter Weise definiert sind (siehe [32], S. 41ff. und [33], S. 41ff.).

Die Gleichungen der Charakteristiken haben die Gestalt

$$\left.\begin{aligned} dy=\chi_1 dx;\ (E+A\chi_1)\,du+D\,dv+M\,dx+N\,dy=0,\\ dy=\chi_2 dx;\ (E+A\chi_2)\,du+D\,dv+M\,dx+N\,dy=0,\end{aligned}\right\} \tag{44}$$

wo χ_1 und χ_2 die Wurzeln der Gleichung (43) sind und die Koeffizienten $E, A, \ldots N$ durch die Formeln

$$E=\begin{vmatrix} b_{12}a_{11}\\ b_{22}a_{21}\end{vmatrix};\quad A=\begin{vmatrix} a_{11}a_{12}\\ b_{21}a_{22}\end{vmatrix};\quad D=\begin{vmatrix} b_{21}a_{12}\\ b_{22}a_{22}\end{vmatrix};$$

$$M=\begin{vmatrix} e_1 b_{12}\\ e_2 b_{22}\end{vmatrix};\quad N=\begin{vmatrix} a_{12}e_1\\ a_{22}e_2\end{vmatrix}$$

gegeben sind. Die Gleichungen

$$dy = \chi_1 dx,$$
$$dy = \chi_2 dx$$

bestimmen in der (x, y)-Ebene zwei Kurvenscharen C_1 und C_2 (Abb. 77). Diese Kurven heißen die Charakteristiken, die zu der ersten oder zweiten Schar gehören, und die Differentialgleichungen

$$(E + A\chi_1)\, du + D dv + M dx + N dy = 0,$$
$$(E + A\chi_2)\, du + D dv + M dx + N dy = 0$$

heißen die Differentialbeziehungen, die längs der Charakteristiken der ersten oder zweiten Schar bestehen. Um eine vollständig bestimmte Lösung des Gleichungssystems (42) zu erhalten, ist es notwendig, zusätzliche Bedingungen vorzugeben, die verschiedenen Charakter haben können. In Abhängigkeit von diesen Bedingungen unterscheidet man verschiedene Aufgaben für die Gleichungen (42); so z. B.:

a) Die CAUCHYsche Aufgabe. Auf einem glatten Kurvenbogen AB, den jede Charakteristik der ersten und zweiten Schar nur einmal schneidet (Abb. 78), sind die Werte der Funktionen u und v

$$u = f_1(s),$$
$$v = f_2(s)$$

gegeben. Mit $f_1(s)$ und $f_2(s)$ sind hier Funktionen des längs s zu messenden Bogens AB bezeichnet, die stetige Ableitungen erster Ordnung besitzen sollen. Die Lösung ist in dem krummlinigen Viereck $ACBD$ bestimmt, das von den Bögen der Charakteristiken beider Scharen gebildet wird, die durch die Endpunkte der Kurve AB gehen.

b) Die RIEMANNsche Aufgabe. Auf den Bögen CA und CB der Charakteristiken der ersten und zweiten Schar sind die Werte der Funktionen u und v

$$u = \varphi_1(\xi); \qquad u = \varphi_2(\eta);$$
$$v = \psi_1(\xi); \qquad v = \psi_2(\eta)$$

gegeben (Abb. 79). Die Funktionen $\varphi_1(\xi)$ und $\psi_1(\xi)$ des längs der Charakteristik CA der ersten Schar zu messenden Bogens ξ und die Funktionen $\varphi_2(\eta)$ und $\psi_2(\eta)$ des längs der Charakteristik CB der zweiten Schar zu messenden Bogens η sollen stetige Ableitungen erster Ordnung besitzen und im Punkte C gleiche Werte haben. Wenn die Bögen ξ und η vom Punkt C aus gerechnet werden, dann muß sein:

$$\varphi_1(0) = \varphi_2(0),$$
$$\psi_1(0) = \psi_2(0).$$

Die Lösung ist bestimmt in dem Viereck $CADB$, das gebildet wird von den Bögen der Charakteristiken CA und CB sowie den Bögen, die durch die Punkte A und B gelegt werden.

c) Gemischte Aufgaben. Kombinationen aus den Bedingungen der CAUCHYschen und der RIEMANNschen Aufgabe sind möglich: Gegeben sind die Werte von u und v auf einer Charakteristik und auf einem Kurvenbogen, der keine Charakteristik

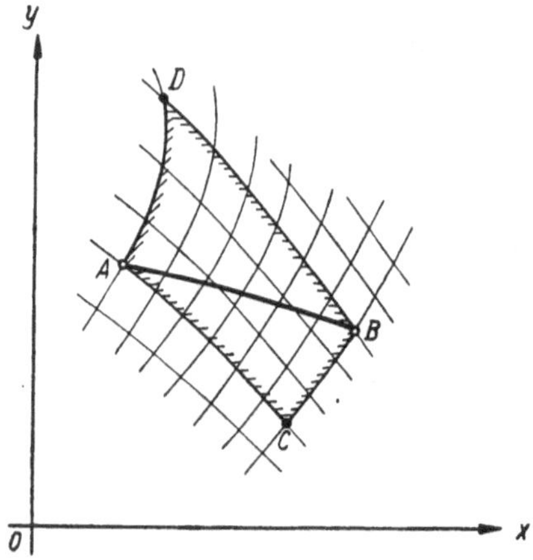

Abb. 78

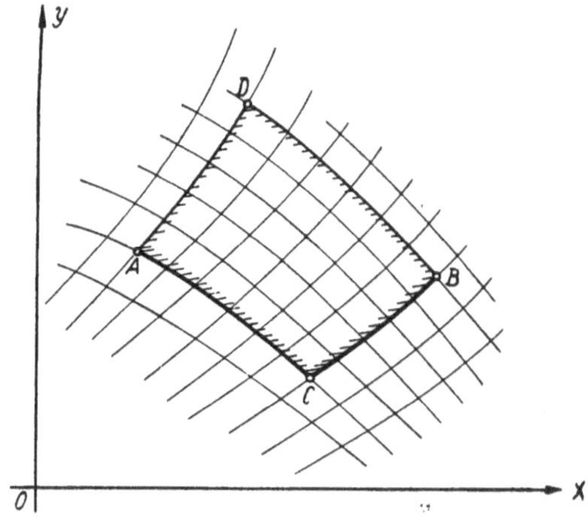

Abb. 79

ist, oder gegeben sind Kombinationen der Funktionen u und v. Alle derartigen Aufgaben sind unter der Bezeichnung gemischte Aufgaben bekannt.

Näherungslösung

Das Gleichungssystem (44), dessen Lösung äquivalent der Lösung des Systems (42) ist, kann näherungsweise durch Konstruktion des Netzes der Charakteristiken und Berechnung der Werte von u und v in den Gitterpunkten aus den Differentialbeziehungen gelöst werden. Diese Methode, die von MASSAU [34] stammt, wurde wesentlich von CHRISTIANOWITSCH [33] verbessert und von CHRISTIANOWITSCH, SOKOLOWSKI [35], [36] und anderen zur Lösung einer Reihe von Aufgaben benutzt.

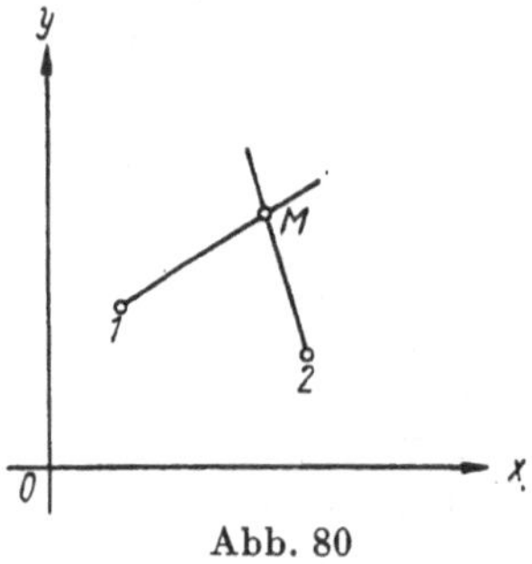

Abb. 80

a) Allgemeines Schema. In den Punkten 1 und 2 (Abb. 80) der xy-Ebene sind alle nötigen Größen bekannt, d. h. x_1, y_1, u_1, v_1 und x_2, y_2, u_2, v_2. Der Punkt M ist bestimmt als Schnittpunkt der Geraden, die durch die Punkte 1 und 2 mit denselben Neigungen wie die zugehörigen Charakteristiken gehen. Die Koordinaten x_M, y_M des Punktes M werden folglich aus den Gleichungen

$$y_M - y_1 = \chi_1(x_1, y_1)(x_M - x_1),$$
$$y_M - y_2 = \chi_2(x_2, y_2)(x_M - x_2)$$

gefunden, die die Gleichungen
$$dy = \chi_1 dx;$$
$$dy = \chi_2 dx$$
ersetzen. Sodann erhält man aus den Differentialbeziehungen
$$(E + A\chi_1)\,du + D\,dv + M\,dx + N\,dy = 0,$$
$$(E + A\chi_2)\,du + D\,dv + M\,dx + N\,dy = 0,$$
wenn man die Differentiale durch Differenzen ersetzt, zur Bestimmung von u_M und v_M die Gleichungen
$$[E_1 + A_1\chi_1(x_1, y_1)]\,(u_M - u_1) + D_1(v_M - v_1) + M_1(x_M - x_1) + N_1(y_M - y_1) = 0,$$
$$[E_2 + A_2\chi_2(x_2, y_2)]\,(u_M - u_2) + D_2(v_M - v_2) + M_2(x_M - x_2) + N_2(y_M - y_2) = 0.$$
So sind im Punkt M alle notwendigen Größen x_M, y_M, u_M, v_M bestimmt.

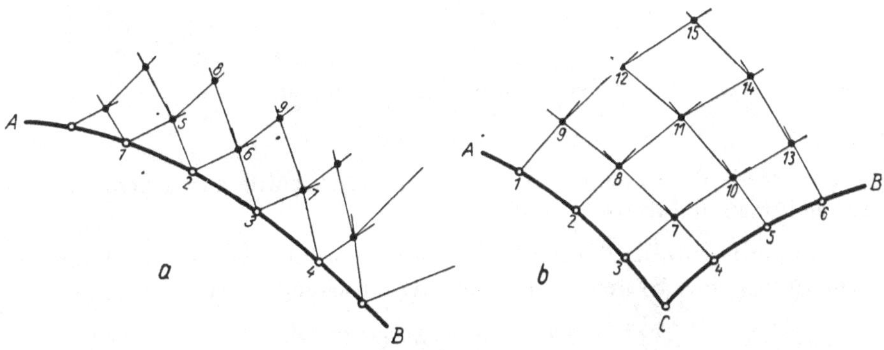

Abb. 81 a und b

Die Bestimmung der weiteren Punkte wird in verschiedener Weise durchgeführt, je nachdem welche Aufgabe zu lösen ist.

Im Fall der Lösung der CAUCHYschen Aufgabe (Abb. 81a) geschieht die Berechnung in folgender Weise: Die Daten in den Punkten der Kurve AB und damit also in den Punkten 1, 2, 3, 4 sind bekannt. Aus den Punkten 1, 2 bestimmen wir in der beschriebenen Weise die Daten im Punkt 5, aus den Punkten 2, 3 im Punkt 6, aus den Punkten 3, 4 im Punkt 7; sodann aus den Punkten 5, 6 im Punkt 8, aus den Punkten 6, 7 im Punkt 9 usw.

Im Fall der RIEMANNschen Aufgabe (Abb. 81b) sind die Werte von u und v auf den Charakteristiken CA und CB, d. h. in den Puukten 1, 2, 3, 4, 5, 6 bekannt. Aus den Punkten 3, 4 bestimmen wir den Punkt 7, aus den Punkten 2, 7 den Punkt 8, aus den Punkten 1, 8 den Punkt 9. Sodann gehen wir zur zweiten Reihe über und bestimmen aus den Punkten 7, 5 den Punkt 10, aus den Punkten 8, 10 den Punkt 11 usw.

Im Fall gemischter Aufgaben muß man beide Prozesse kombinieren.

b) Verbesserung der Genauigkeit der Rechnungen. Wenn die Daten für den Punkt M bestimmt sind, kann man die Rechnung wiederholen, indem man die Gleichungen

$$y'_M - y_1 = \chi'_1(x'_M - x_1),$$
$$y'_M - y_2 = \chi'_2(x'_M - x_2)$$

benutzt, in denen die Größen χ_1 und χ_2 nicht für die Ausgangswerte x_1, y_1, u_1, v_2 und x_2, y_2, u_2, v_2, sondern für die verbesserten Werte

$$x'_1 = \frac{1}{2}(x_1 + x_M), \qquad x'_2 = \frac{1}{2}(x_2 + x_M),$$
$$y'_1 = \frac{1}{2}(y_1 + y_M), \qquad y'_2 = \frac{1}{2}(y_2 + y_M),$$
$$u'_1 = \frac{1}{2}(u_1 + u_M), \qquad u'_2 = \frac{1}{2}(u_2 + u_M),$$
$$v'_1 = \frac{1}{2}(v_1 + v_M), \qquad v'_2 = \frac{1}{2}(v_2 + v_M)$$

genommen sind. Wenn in den Grenzen der Genauigkeit

$$x'_M = x_M; \qquad y'_M = y_M$$

ist, dann ist die Berechnung von x_M und y_M als endgültig anzusehen. Andernfalls wiederholt man den Rechenprozeß.

c) Rechenformeln. Die Hauptrechenoperation bei dem betrachteten Prozeß ist die Lösung eines Systems zweier linearer Gleichungen der Form

$$y_M - y_1 = \chi_1(x_M - x_1),$$
$$y_M - y_2 = \chi_2(x_M - x_2).$$

Sie wird nach den Formeln durchgeführt, die in Tabelle 22 angegeben sind.

TABELLE 22

Skizze	Formel	Bemerkung
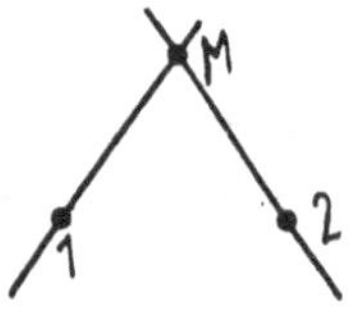	1) $x_M = \dfrac{\chi_2 x_2 - \chi_1 x_1 - y_2 + y_1}{\chi_2 - \chi_1}$ 2) $y_M = y_1 + \chi_1(x_M - x_1)$ oder $y_M = y_2 + \chi_2(x_M - x_2)$	Zuerst wird x_M berechnet, dieser Wert wird dann zur Berechnung von y_M benutzt

Beispiele

Beispiel 1 ([33], S. 121). Berechnung der reflektierten Welle in einem Kanal bei Vernachlässigung der Reibung.

Die Gleichungen der instationären Bewegung haben bei Fehlen von Widerstandskräften die Form

$$\left.\begin{aligned}&\frac{\partial U}{\partial t}+U\frac{\partial U}{\partial s}=-\frac{g}{B}\frac{\partial F}{\partial s},\\&\frac{\partial F}{\partial t}+\frac{\partial(UF)}{\partial s}=0.\end{aligned}\right\}\qquad(45)$$

Dabei ist U die mittlere Geschwindigkeit, F die Fläche des wirksamen Querschnitts, B die Breite der freien Oberfläche, s die Entfernung, gemessen längs des Kanals, t die Zeit.

Wir schreiben das System (45) um auf die Form

$$\frac{\partial U}{\partial t}+U\frac{\partial u}{\partial s}+\frac{g}{B}\frac{\partial F}{\partial s}=0,$$

$$\frac{\partial F}{\partial t}+F\frac{\partial U}{\partial s}+U\frac{\partial F}{\partial s}=0.$$

Indem wir darauf die allgemeine Regel zur Ermittlung der Charakteristiken anwenden (siehe S. 104), können wir setzen:

$$a_{11}=1;\quad a_{12}=0;\quad b_{11}=U;\quad b_{12}=\frac{g}{B},$$

$$a_{21}=0;\quad a_{22}=1;\quad b_{21}=F;\quad b_{22}=U.$$

Die Gleichung zur Bestimmung der Funktionen χ_1 und χ_2 schreibt sich so:

$$\chi^2-2U\chi+\left(U^2-\frac{gF}{B}\right)=0.$$

Diese Gleichung hat die Wurzeln

$$\chi_1=U+\sqrt{\frac{gF}{B}},$$

$$\chi_2=U-\sqrt{\frac{gF}{B}}.$$

Die Koeffizienten A, E, D, M, N haben folgende Werte:

$$A=1;\quad E=-U;\quad D=\frac{g}{B};\quad M=N=O,$$

und die Gleichungen der Charakteristiken lauten:

$$\text{(I)}\quad\left\{\begin{aligned}&ds=\left(U+\sqrt{\frac{gF}{B}}\right)dt,\\&\sqrt{\frac{gF}{B}}\,dU+\frac{g}{B}\,dF=0,\end{aligned}\right.$$

$$\text{(II)}\quad\left\{\begin{aligned}&ds=\left(U-\sqrt{\frac{gF}{B}}\right)dt,\\&-\sqrt{\frac{gF}{B}}\,dU+\frac{g}{B}\,dF=0.\end{aligned}\right.$$

Die Differentialbeziehungen können offensichtlich auf die Form

$$dU + \sqrt{\frac{g}{BF}}\, dF = 0,$$

$$dU - \sqrt{\frac{g}{BF}}\, dF = 0,$$

oder unter Einführung der Funktion

$$\lambda(F) = \int_0^F \sqrt{\frac{g}{BF}}\, dF$$

auf die Form

$$dU + d\lambda = 0,$$
$$dU - d\lambda = 0$$

gebracht werden. Unter Benutzung der Bezeichnungen

$$U + \lambda = \xi, \quad U - \lambda = \eta \tag{46}$$

oder

$$U = \frac{1}{2}(\xi + \eta),$$

$$\lambda = \frac{1}{2}(\xi - \eta),$$

schreiben wir schließlich die Differentialbeziehungen in der Gestalt

$$d\xi = 0; \quad d\eta = 0.$$

Hieraus folgt

$$\xi = \text{const},$$
$$\eta = \text{const}.$$

So ist schließlich die Aufgabe auf die Integration der Gleichungen

$$\left.\begin{aligned} ds &= \left(U + \sqrt{\frac{gF}{B}}\right) dt, & \xi &= \text{const} \\ ds &= \left(U - \sqrt{\frac{gF}{B}}\right) dt, & \eta &= \text{const} \end{aligned}\right\} \tag{47}$$

zurückgeführt, wobei ξ und η durch die Gleichungen (46) definiert sind.

Es ist klar, daß in diesen Gleichungen vorteilhafterweise ξ und η als unabhängige Veränderliche betrachtet werden, wobei man ferner die rechts stehenden Gleichungen als die Gleichungen der Charakteristiken und die links stehenden als die Differentialbeziehungen ansieht.

Wenn man einen Kanal von rechteckigem Querschnitt betrachtet, dann ist

$$B = \text{const},$$
$$F = BH,$$

wo H die Wasserhöhe im Kanal ist. Die Funktion λ wird durch die Formel

$$\lambda = 2\sqrt{gH}$$

bestimmt.

Die Aufgabe, die der Lösung zugrunde liegt, wird so formuliert: In einem Kanal von 1 m Breite hat man eine Wand, die 5000 m vom Ende des Kanals entfernt steht (Abb. 82). Die Wassertiefe vor der Wand beträgt 2,2 m, hinter ihr 1,2 m. Zur Zeit $t = 0$ wird die Wand völlig zerstört. Zum Ende des Kanals läuft eine Rückwelle des Wasserspiegelsenkung, die nach Ankunft am Ende $s = 0$ in positiver Richtung der s-Achse reflektiert wird. Gefordert wird die Berechnung dieser reflektierten Welle.

Die zusätzlichen Bedingungen, die zur Lösung des Systems (47) nötig sind, können aus einer ausführlichen Betrachtung der Bedingungen für die Bewegung der Rückwelle der Wasserspiegelsenkung und der entsprechenden direkten Welle erhalten werden (siehe [33], S. 121). Wir wollen diese Bedingungen hier nicht ableiten, sondern gleich nennen:

1. Zur Zeit $t = 1076$ entsteht die reflektierte Welle mit der Anfangshöhe $H = 2{,}2$ bei $s = 0$.

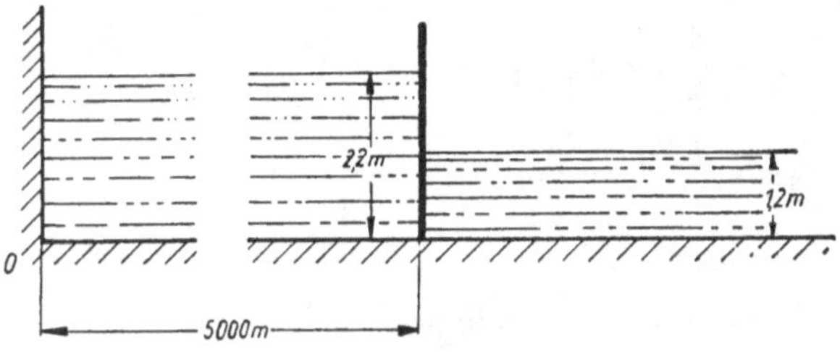

Abb. 82

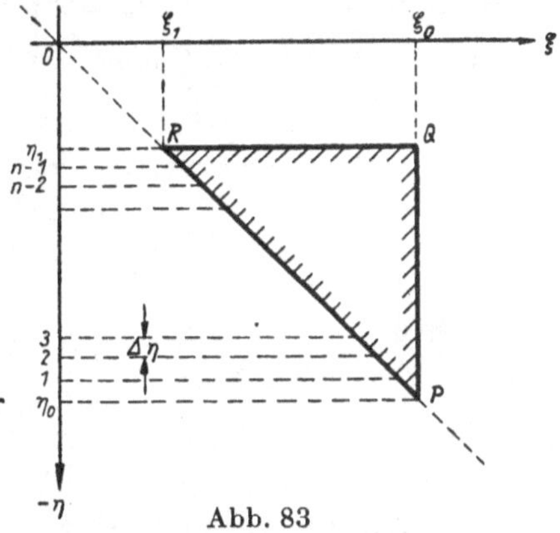

Abb. 83

2. Die Front dieser Welle pflanzt sich längs der entsprechenden Charakteristik der ersten Schar $\xi = \text{const}$ nach dem Gesetz

$$t = 1944\, H^{-\frac{3}{4}},$$

$$s = -\left(3\sqrt{gH} - 2\sqrt{2{,}2\, g}\right) t + 5000$$

fort.

3. Für $s = 0$ hat man konstant $U = 0$.

Die Lösung dieser Aufgabe wollen wir bis zu dem Zeitpunkt suchen, an dem die Front der reflektierten Welle die direkte Welle erreicht, die die Höhe $H_0 = 1{,}66$ m besitzt. Dies findet zur Zeit

$$T = 1944 \cdot 1{,}66^{-\frac{3}{4}} = 1330 \text{ sec}$$

statt.

Wir betrachten die $\xi\eta$-Ebene (Abb. 83). Es ist leicht einzusehen, daß in dieser Ebene das Gebiet, in dem wir die Lösung finden sollen, durch das Dreieck PQR dargestellt wird. In der Tat haben wir die Bedingung für die Fortpflanzung der Front auf der Linie $\xi = \text{const}$, d. h. auf der Geraden PQ. Ferner haben wir $s = 0$ für $U = 0$. Nun ist

$$U = \frac{1}{2}(\xi + \eta).$$

Das bedeutet $s = 0$ auf der Linie $\xi + \eta = 0$,

d. h. auf der Geraden PR. Dem Punkte P entsprechen die Werte $\xi = \xi_0$ und $\eta = \eta_0 = -\xi_0$, die man leicht finden kann. Für den Punkt Q haben wir

$$\xi = \xi_0,$$
$$\eta = \eta_1 = -\xi_0 + nh.$$

Um diese Zahlen zu finden, bemerken wir, daß im Punkt P die Anfangshöhe

$$H_0 = 2{,}2 \text{ m}$$

gegeben ist. Da

$$\lambda = 2\sqrt{gH}$$

ist, so wird

$$\lambda_0 = 2\sqrt{2{,}2g} = 2\sqrt{21{,}58} = 2 \cdot 4{,}645 = \underline{9{,}29}.$$

Ebenso ist im Punkt Q die Höhe $H_1 = 1{,}66$ m gegeben. Dies liefert

$$\lambda_1 = 2\sqrt{1{,}66g} = 2\sqrt{16{,}28} = 2 \cdot 4{,}035 = \underline{8{,}07}.$$

Dann haben wir zur Bestimmung von ξ_0 und ξ_1 die Gleichungen

$$\lambda_0 = \frac{1}{2}(\xi_0 - \eta_0) = \frac{1}{2}(-2\eta_0) = -\eta_0,$$
$$\lambda_1 = \frac{1}{2}(\xi_1 - \eta_1) = \frac{1}{2}(\xi_0 - \eta_1),$$

woraus

$$\xi_0 = -\eta_0 = 9{,}29,$$
$$\eta_1 = -2\lambda_1 + \xi_0 = -16{,}14 + 9{,}29 = -6{,}85$$

folgt. Zur Berechnung der gesuchten Funktionswerte teilen wir das Intervall $(-\eta_0, -\eta_1)$ in 20 Teile, indem wir $n = 20$ und

$$h = \frac{|\eta_1 - \eta_0|}{20} = 0{,}122$$

setzen, und konstruieren die Punkte P_{ik} mit den Koordinaten

$$\xi = \xi_0 - ih$$
$$\eta = \eta_0 + kh = \xi_0 + kh.$$

In diesen Punkten wollen wir die Werte der Funktionen U, H, t, s bestimmen. Hierfür konstruieren wir eine Tabelle, wie sie in Abb. 84 dargestellt ist.

Die Horizontalreihen (Zeilen) dieser Tafel entsprechen den Linien

$$\xi = \text{const}$$

in der $\xi\eta$-Ebene, die Vertikalreihen (Spalten) den Linien

$$\eta = \text{const.}$$

Die Punkte P, Q, R sind angegeben. Die Zeilen und Spalten sind von 0 bis n durchnumeriert; in der i-ten Zeile und k-ten Spalte befindet sich das Feld, das dem Punkt P_{ik} in der $\xi\eta$-Ebene entspricht. In jedes Feld der Abb. 84 werden wir 4 Zahlen so schreiben, wie dies in Abb. 85 gezeigt ist. Zuerst wird die nullte (die oberste horizontale) Zeile ausgefüllt nach den Formeln

$$U_{0k} = \frac{1}{2}(\xi_{0k} + \eta_{0k}) = \frac{1}{2}(\xi_{0k} - \xi_{0k} + kh) = k\frac{h}{2} = \underline{0{,}061k}, \quad H_{0k} = \frac{\lambda_{0k}^2}{4g},$$

$$\lambda_{0k} = \frac{1}{2}(\xi_{0k} - \eta_{0k}) = \frac{1}{2}(\xi_0 + \xi_0 - kh) = \xi_0 - k\frac{h}{2}\ \underline{9{,}29 - 0{,}061k},$$

$$t_{0k} = 1944\, H_{0k},$$

$$S_{0k} = -\left(3\sqrt{gH_{0k}} - 2\sqrt{2{,}2g}\right) t_{0k} + 5000.$$

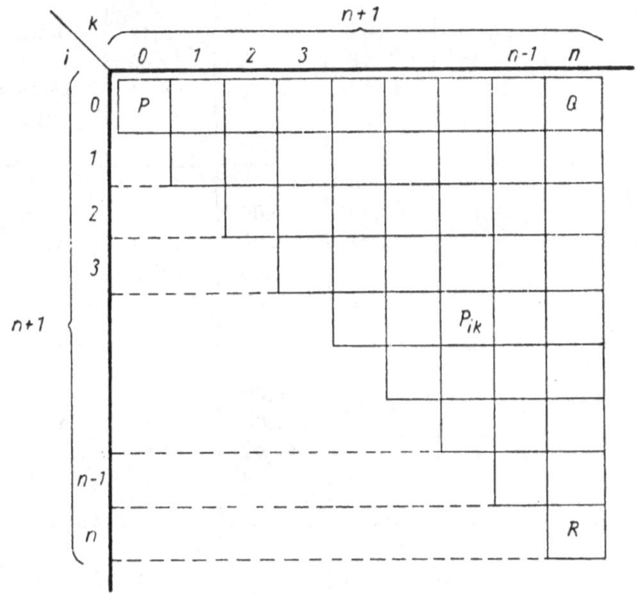

Abb. 84

U = m/sec
H = m
t = min
s = m

Abb. 85

So erhalten wir z. B. für $K = 1$

$U = 0{,}06,$

$\lambda = 9{,}23,$

$H = 2{,}17,$

$t = 18/07 = 18$ min 07 sec,

$s = 50.$

Diese Werte (außer λ) werden in das Feld (01) der Abb. 86 geschrieben. Analog werden auch die übrigen Felder dieser Zeile ausgefüllt.

Als nächstes kommt nun die Berechnung der Werte der gesuchten Größen in den folgenden Zeilen. Hierzu dienen die Gleichungen (47). Die Werte ξ und η sind

<table>
<tr><th>i \ k</th><th>0</th><th>1</th><th>2</th><th>3</th><th>4</th><th>5</th><th>6</th></tr>
<tr><td>0</td><td>0,00
2,20
17|56
0</td><td>0,06
2,17
18|07
50</td><td>0,12
2,14
18|18
101</td><td>0,18
2,11
18|29
153</td><td>0,24
2,09
18|40
207</td><td>0,31
2,06
18|51
262</td><td>0,37
2,03
19|03
318</td></tr>
<tr><td>1</td><td></td><td>0,00
2,14
18|18
0</td><td>0,06
2,11
18|29
51</td><td>0,12
2,09
18|40
104</td><td>0,18
2,06
18|51
157</td><td>0,24
2,03
19|03
212</td><td>0,31
2,00
19|15
269</td></tr>
<tr><td>2</td><td></td><td></td><td>0,00
2,09
18|40
0</td><td>0,06
2,06
18|52
52</td><td>0,12
2,03
19|03
106</td><td>0,18
2,00
19|15
161</td><td>0,24
1,97
19|27
218</td></tr>
<tr><td>3</td><td></td><td></td><td></td><td>0,00
2,03
19|03
0</td><td>0,06
2,00
19|15
54</td><td>0,12
1,97
19|27
109</td><td>0,18
1,95
19|40
165</td></tr>
<tr><td>4</td><td></td><td></td><td></td><td></td><td>0,00
1,97
19|27
0</td><td>0,06
1,95
19|40
55</td><td>0,12
1,92
19|53
112</td></tr>
<tr><td>5</td><td></td><td colspan="2">U — m/sec
H — m
t — min u. sec
s — m</td><td></td><td></td><td>0,00
1,92
19|53
0</td><td>0,06
1,89
20|05
56</td></tr>
<tr><td>6</td><td></td><td></td><td></td><td></td><td></td><td></td><td>0,00
1,87
20|19
0</td></tr>
</table>

Abb. 86

i \ k	7	8	9	10	11	12	13
0	0,43 2,00 19|15 375	0,49 1,97 19|27 434	0,55 1,95 19|39 494	0,61 1,92 19|52 556	0,67 1,89 20|04 619	0,73 1,87 20|17 684	0,80 1,84 20|31 750
1	0,37 1,97 19|27 326	0,43 1,95 19|39 385	0,49 1,92 19|52 464	0,55 1,89 20|05 507	0,61 1,87 20|18 570	0,67 1,84 20|31 635	0,73 1,81 20|44 702
2	0,31 1,95 19|40 275	0,37 1,92 19|52 334	0,43 1,89 20|05 395	0,49 1,87 20|18 457	0,55 1,84 20|31 520	0,61 1,81 20|45 586	0,67 1,79 20|58 652
3	0,24 1,92 19|52 223	0,31 1,89 20|05 282	0,37 1,87 20|18 343	0,43 1,84 20|32 405	0,49 1,81 20|45 469	0,55 1,79 20|59 534	0,61 1,76 21|13 601
4	0,18 1,89 20|05 169	0,24 1,87 20|19 229	0,31 1,84 20|32 289	0,37 1,81 20|45 352	0,43 1,79 20|59 416	0,49 1,76 21|13 481	0,55 1,74 21|28 548
5	0,12 1,87 20|19 114	0,18 1,84 20|32 174	0,24 1,81 20|46 234	0,31 1,79 21|00 297	0,37 1,76 21|14 361	0,43 1,74 21|28 426	0,49 1,71 21|43 494
6	0,06 1,84 20|32 58	0,12 1,81 20|46 117	0,18 1,79 21|00 178	0,24 1,76 21|14 241	0,31 1,74 21|28 305	0,37 1,71 21|43 370	0,43 1,68 21|58 438

Abb. 86 (Fortsetzung)

<table>
<tr><th>i \ k</th><th>14</th><th>15</th><th>16</th><th>17</th><th>18</th><th>19</th><th>20</th></tr>
<tr><td>0</td><td>0,86
1,81
20|44
818</td><td>0,92
1,79
20|58
887</td><td>0,98
1,76
21|12
938</td><td>1,04
1,74
21|26
1031</td><td>1,10
1,71
21|40
1106</td><td>1,16
1,68
21|55
11|83</td><td>1,22
1,66
22|10
1261</td></tr>
<tr><td>1</td><td>0,80
1,79
20|58
770</td><td>0,86
1,76
21|12
840</td><td>0,92
1,74
21|26
912</td><td>0,98
1,71
21|41
985</td><td>1,04
1,68
21|55
1060</td><td>1,10
1,66
22|10
1138</td><td>1,16
1,63
22|26
1217</td></tr>
<tr><td>2</td><td>0,73
1,76
21|12
721</td><td>0,80
1,74
21|27
791</td><td>0,86
1,71
21|41
863</td><td>0,92
1,68
22|56
936</td><td>0,98
1,66
22|11
1012</td><td>1,04
1,63
22|26
1090</td><td>1,10
1,61
22|43
1169</td></tr>
<tr><td>3</td><td>0,67
1,74
21|27
670</td><td>0,73
1,71
21|42
740</td><td>0,80
1,68
21|57
812</td><td>0,86
1,66
22|12
886</td><td>0,92
1,63
22|27
962</td><td>0,98
1,61
22|43
1040</td><td>1,04
1,58
22|59
1120</td></tr>
<tr><td>4</td><td>0,61
1,71
21|42
617</td><td>0,67
1,68
21|57
688</td><td>0,73
1,66
22|12
760</td><td>0,80
1,63
22|28
834</td><td>0,86
1,61
22|44
911</td><td>0,92
1,58
23|00
989</td><td>0,98
1,56
23|16
1069</td></tr>
<tr><td>5</td><td>0,55
1,68
21|58
563</td><td>0,61
1,66
22|13
634</td><td>0,67
1,63
22|29
707</td><td>0,73
1,61
22|44
781</td><td>0,80
1,58
23|01
858</td><td>0,86
1,56
23|17
936</td><td>0,92
1,54
23|34
1017</td></tr>
<tr><td>6</td><td>0,49
1,66
22|14
507</td><td>0,55
1,63
22|29
578</td><td>0,61
1,61
22|45
651</td><td>0,67
1,58
23|01
726</td><td>0,73
1,56
23|18
803</td><td>0,80
1,54
23|35
882</td><td>0,86
1,51
23|52
963</td></tr>
</table>

Abb. 86 (Fortsetzung)

<table>
<tr><th>i \ k</th><th>7</th><th>8</th><th>9</th><th>10</th><th>11</th><th>12</th><th>13</th></tr>
<tr><td>7</td><td>0,00
1,81
20|46
0</td><td>0,06
1,79
21|00
59</td><td>0,12
1,76
21|14
120</td><td>0,18
1,74
21|29
183</td><td>0,24
1,71
21|43
247</td><td>0,31
1,68
21|58
313</td><td>0,37
1,66
22|15
381</td></tr>
<tr><td>8</td><td></td><td>0,00
1,76
21|15
0</td><td>0,06
1,74
21|29
61</td><td>0,12
1,71
21|43
125</td><td>0,18
1,68
21|59
187</td><td>0,24
1,66
22|15
254</td><td>0,31
1,63
22|30
322</td></tr>
<tr><td>9</td><td></td><td></td><td>0,00
1,71
21|44
0</td><td>0,06
1,68
21|59
63</td><td>0,12
1,66
22|15
127</td><td>0,18
1,63
22|30
193</td><td>0,24
1,61
22|46
261</td></tr>
<tr><td>10</td><td></td><td></td><td></td><td>0,00
1,65
22|15
0</td><td>0,06
1,63
22|30
64</td><td>0,12
1,61
22|47
130</td><td>0,18
1,58
23|02
198</td></tr>
<tr><td>11</td><td></td><td></td><td></td><td></td><td>0,00
1,61
22|47
0</td><td>0,06
1,58
23|02
66</td><td>0,12
1,56
23|20
134</td></tr>
<tr><td>12</td><td></td><td></td><td></td><td></td><td></td><td>0,00
1,56
23|20
0</td><td>0,06
1,54
23|37
68</td></tr>
<tr><td>13</td><td></td><td></td><td></td><td></td><td></td><td></td><td>0,00
1,51
23|54
0</td></tr>
</table>

Abb. 86 (Fortsetzung)

i \ k	14	15	16	17	18	19	20
7	0,43 1,63 22|29 450	0,49 1,61 22|45 521	0,55 1,58 23|02 595	0,61 1,56 23|18 670	0,67 1,54 23|35 747	0,73 1,51 23|53 826	0,80 1,49 24|10 908
8	0,37 1,61 22|46 391	0,43 1,58 23|02 463	0,49 1,56 23|19 536	0,55 1,54 23|36 611	0,61 1,51 23|53 689	0,67 1,49 24|10 767	0,73 1,46 24|29 850
9	0,31 1,58 23|02 330	0,37 1,56 23|19 402	0,43 1,54 23|36 476	0,49 1,51 23|54 551	0,55 1,49 24|12 629	0,61 1,46 24|31 709	0,67 1,44 24|48 791
10	0,24 1,56 23|19 268	0,31 1,54 23|38 340	0,37 1,51 23|54 414	0,43 1,49 24|12 490	0,49 1,46 24|31 568	0,55 1,44 24|48 648	0,61 1,42 25|08 730
11	0,18 1,54 23|37 204	0,24 1,51 23|54 276	0,31 1,49 24|12 350	0,37 1,46 24|32 426	0,43 1,44 24|49 504	0,49 1,42 25|08 584	0,55 1,39 25|28 667
12	0,12 1,51 23|54 138	0,18 1,49 24|12 210	0,24 1,46 24|32 284	0,31 1,44 24|50 360	0,37 1,42 25|09 439	0,43 1,39 25|28 519	0,49 1,37 25|48 602
13	0,06 1,49 24|13 70	0,12 1,46 24|32 142	0,18 1,44 24|50 216	0,24 1,42 25|09 292	0,31 1,39 25|29 371	0,37 1,37 25|49 452	0,43 1,35 26|09 535

Abb. 86 (Fortsetzung)

<table>
<tr><th>i \ k</th><th>14</th><th>15</th><th>16</th><th>17</th><th>18</th><th>19</th><th>20</th></tr>
<tr><td>14</td><td>0,00
1,46
24|32
0</td><td>0,06
1,44
24|50
72</td><td>0,12
1,42
25|09
146</td><td>0,18
1,39
25|29
223</td><td>0,24
1,37
25|49
301</td><td>0,31
1,35
26|10
382</td><td>0,37
1,33
26|31
466</td></tr>
<tr><td>15</td><td></td><td>0,00
1,42
25|09
0</td><td>0,06
1,39
25|29
74</td><td>0,12
1,37
25|49
151</td><td>0,18
1,35
26|10
230</td><td>0,24
1,33
26|31
311</td><td>0,31
1,30
26|52
394</td></tr>
<tr><td>16</td><td></td><td></td><td>0,00
1,37
25|49
0</td><td>0,06
1,35
26|10
76</td><td>0,12
1,33
26|31
155</td><td>0,18
1,30
26|53
237</td><td>0,24
1,28
27|15
320</td></tr>
<tr><td>17</td><td></td><td></td><td></td><td>0,00
1,33
26|31
0</td><td>0,06
1,30
26|53
79</td><td>0,12
1,28
27|15
160</td><td>0,18
1,26
27|38
244</td></tr>
<tr><td>18</td><td></td><td></td><td></td><td></td><td>0,00
1,28
27|15
0</td><td>0,06
1,26
27|38
81</td><td>0,12
1,24
28|01
165</td></tr>
<tr><td>19</td><td></td><td></td><td></td><td></td><td></td><td>0,00
1,24
28|01
0</td><td>0,06
1,22
28|25
84</td></tr>
<tr><td>20</td><td></td><td></td><td></td><td></td><td></td><td></td><td>0,00
1,19
28|50
0</td></tr>
</table>

Abb. 86 (Schluß)

von früher her bekannt (sie werden für die Gitterpunkte der $\xi\eta$-Ebene berechnet); das bedeutet, auch die Werte

$$U = \frac{1}{2}(\xi + \eta),$$

$$\lambda = \frac{1}{2}(\xi - \eta),$$

$$H = \frac{1}{4g}\lambda^2$$

sind bekannt. Es bleiben t und s auszurechnen.

Aus den Gleichungen (47) haben wir:

$$\left.\begin{aligned} s_M - s_1 &= W_1(t_M - t_1), \\ s_M - s_2 &= \Omega_2(t_M - t_2). \end{aligned}\right\} \tag{48}$$

In diesen Gleichungen ist mit W_1 die Größe des Koeffizienten in der ersten Gleichung (47) im Punkt 1 bezeichnet:

$$W_1 = U_1 + \sqrt{gH_1}.$$

Analog ist

$$\Omega_2 = U_2 - \sqrt{gH_2}.$$

Die Werte s_M und t_M beziehen sich in Übereinstimmung mit den allgemeinen Festsetzungen auf den Punkt M, den Schnittpunkt der Geraden, die von den Punkten 1 und 2 in Richtung der Charakteristiken ausgehen; bei uns hier fallen diese Richtungen mit den Achsenrichtungen zusammen (Abb. 87). In der Tabelle der Abb. 86 entsprechen den Punkten 1, 2 und M der Abb. 87 die Punkte 1, 2 und M, die in Abb. 88 gezeigt sind. In dieser Anordnung verläuft auch die Rechnung.

Da die Koeffizienten W und Ω im voraus berechnet werden können, kann man einen von ihnen oder sogar beide statt im Punkt 1 gleich im Punkt M nehmen (im allgemeinen kann man dies nicht tun, da die Werte der Koeffizienten von den Koordinaten des Punktes M abhängen). In dem Rechenbeispiel in Abb. 86 wird der Koeffizient Ω im Punkt M selbst genommen. Zur Erhöhung der Genauigkeit ist es vorteilhaft, die halbe Summe aus den Werten im Punkt 1 und im Punkt M zu nehmen.

Besonders zu beachten ist der Fall der Bestimmung von t in den Diagonalfeldern (für $i = k$). In diesen Feldern ist $s = 0$, und dadurch kommt man mit nur **einer Gleichung** aus, um t zu finden. Man wird natürlich die Gleichung der **zweiten Schar** (für $\eta = \text{const}$) nehmen, da es für die Diagonalfelder keine benachbarten horizontalen Felder gibt, in denen schon alle notwendigen Werte bekannt wären (Abb. 89). So führen wir hier die Rechnung nach den Formeln

$$t_M = t_2 - \frac{s_2}{\Omega_2} \tag{49}$$

oder

$$t_M = t_2 - \frac{s_2}{\Omega_M} \tag{50}$$

durch. Im Rechenbeispiel in Abb. 86 ist Formel (50) benutzt.

Beispiel 2 [(36], S. 122). Ermittlung des ebenen plastischen Deformationszustandes um eine elliptische Öffnung, die durch einen konstanten inneren Druck p belastet ist.

Die Aufgabe wird auf die Lösung des Gleichungssystems

$$\left.\begin{array}{ll} \text{I} & \left\{\begin{array}{l} dy = \operatorname{tg}\left(\varphi + \dfrac{\pi}{4}\right) dx, \\ \xi = \text{const}, \end{array}\right. \\ \text{II} & \left\{\begin{array}{l} dy = \operatorname{tg}\left(\varphi - \dfrac{\pi}{4}\right) dx, \\ \eta = \text{const} \end{array}\right. \end{array}\right|$$

zurückgeführt, wobei

$$\varphi = \frac{1}{2}(\xi - \eta),$$

$$\omega = \frac{1}{2}(\xi + \eta)$$

ist. In diesen Formeln sind x und y die Koordinaten in der Ebene der Öffnung, φ und ω Funktionen, durch die sich die Spannungen nach den Formeln

$$\sigma_x = k(-p + 2\omega + \cos 2\varphi),$$

$$\sigma_y = k(-p + 2\omega - \cos 2\varphi)$$

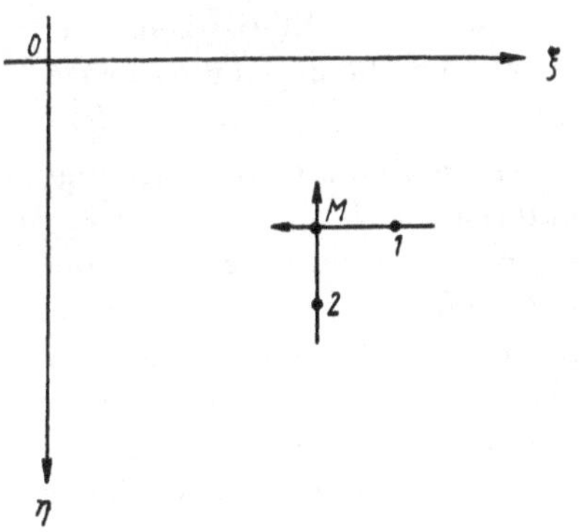

Abb. 87

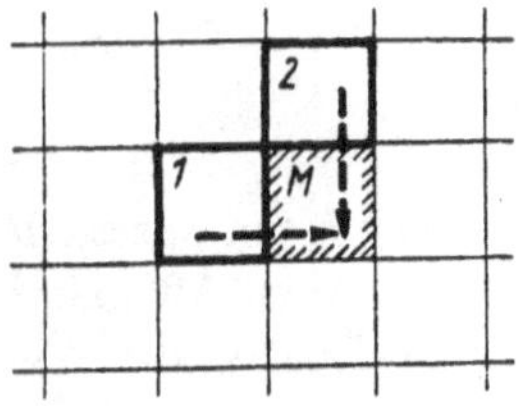

Abb. 88

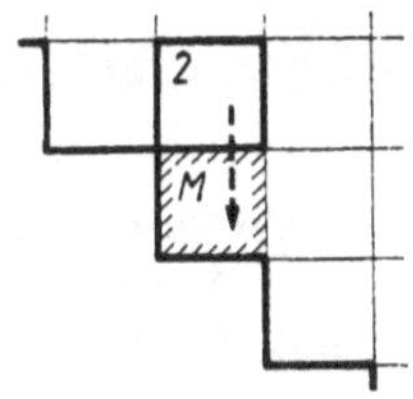

Abb. 89

ausdrücken lassen. Die Konstante k ist mit der Fließgrenze σ_s durch die Gleichung

$$k = \frac{\sigma_s}{\sqrt{3}} \qquad \text{(Huber-Misessche Hypothese)}$$

verbunden. Die Randbedingungen sind folgende: Auf dem Rande der Ellipse

$$x^2 + \frac{y^2}{(0{,}4)^2} = 1$$

ist die Normalspannung gegeben durch die Formel

$$\sigma_n = -kp. \tag{51}$$

Schreibt man die Gleichung der Ellipse

$$\frac{x^2}{a} + \frac{y^2}{b^2} = 1$$

in der Parameterform

$$x = \frac{a^2 \sin\alpha}{\sqrt{a^2\sin^2\alpha + b^2\cos^2\alpha}}, \qquad y = -\frac{b^2\cos\alpha}{\sqrt{a^2\sin^2\alpha + b^2\cos^2\alpha}}, \tag{52}$$

so ergibt die Randbedingung (51), geschrieben für die Funktionen φ und ω:

$$\omega = \frac{1}{2}, \qquad \varphi = \alpha \tag{53}$$

auf der Ellipse (52), unabhängig von der Größe p.

Wegen der Symmetrie genügt es, die Lösung in dem einen Quadranten $x \geqq 0$, $y \leqq 0$ zu finden, der den Werten des Parameters α von 0 bis $\frac{\pi}{2}$ entspricht. Wir suchen also die Lösung in dem Gebiet $-y\,PQx$, das in Abb. 90 dargestellt ist. Dieses Gebiet wird in 3 Teilgebiete zerlegt:

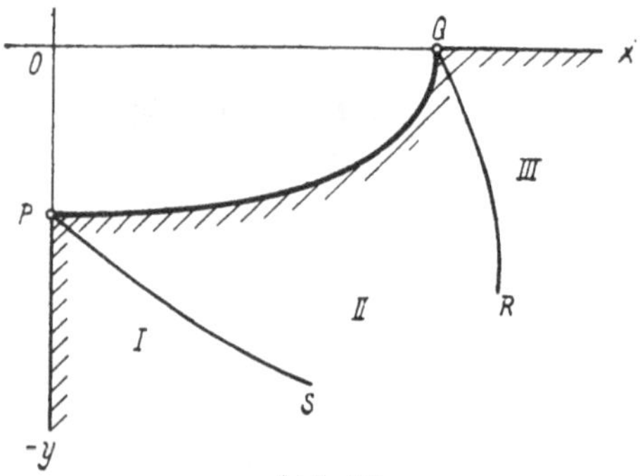

Abb. 90

1. $-yPS$, begrenzt von der negativen y-Achse und der Charakteristik PS, die durch den Punkt P geht;

2. $SPQR$, begrenzt von dem Ellipsenbogen und zwei Charakteristiken verschiedener Scharen, die durch die Punkte P und Q gehen;

3. RQx, begrenzt von der x-Achse und der Charakteristik RQ.

So handelt es sich jetzt um die Lösung von drei gemischten Aufgaben. Die Lösung ist in Abb. 91 durchgeführt. Das Feld in der i-ten Zeile und k-ten Spalte der in dieser Abbildung dargestellten Schablone bezeichnen wir mit $(i; k)$. Die Horizontalreihen (Zeilen) entsprechen den Linien $\eta =$ const der $\xi\eta$-Ebene, die Vertikalreihen (Spalten) den Linien $\xi =$ const. Die Felder (0; 10), (1; 9), . . ., (10; 0) entsprechen dem Rand der Ellipse zwischen den Punkten P und Q. In diesen Feldern sind die gegebenen Werte $\omega = 0{,}50$ und $\varphi = \alpha$ angeschrieben. Die Werte des Parameters α sind so abgepaßt, daß die entsprechenden Punkte auf dem Ellipsenbogen ungefähr in gleichen Abständen voneinander liegen. Diese Werte lauten:

$$\alpha = 0{,}000;\ 0{,}050;\ 0{,}098;\ldots;\frac{\pi}{2} = 1{,}571.$$

Die Werte x und y in diesen Feldern sind für die angegebenen Werte α nach den Formeln (52) ausgerechnet.

Die Felder (10; 0), (11; 1), (12; 1), . . . entsprechen den Punkten der x-Achse. In ihnen ist

$$\varphi = \frac{\pi}{2} = 1{,}571;$$

$$y = 0.$$

Die Werte ω werden berechnet, indem man davon ausgeht, daß

$$\omega = \frac{1}{2}(\xi + \eta),$$

$$\varphi = \frac{1}{2}(\xi - \eta)$$

ist und die Werte η in den Horizontalreihen konstant sind. Da in den Feldern (0; 10), (1; 9), . . ., (10; 0)

$$\omega = \frac{1}{2}, \quad \varphi = \alpha$$

ist, so gilt in diesen Feldern

$$\xi = \frac{1}{2} + \alpha, \qquad \eta = \frac{1}{2} - \alpha, \tag{55}$$

und wir finden in den Feldern (10; 0), (11; 1), . . ., wenn wir $\varphi = \frac{\pi}{2}$ und $\eta = \frac{1}{2} - \alpha$ in die Formel $\omega - \psi = \eta$ einsetzen, folgende Werte für ω:

$$\omega = \frac{\pi}{2} + \frac{1}{2} - \alpha = 2{,}071 - \alpha:$$

Nehmen wir die Werte α aus einem Feld in derselben Horizontalreihe, so erhalten wir

$$\omega_{11;1} = 2{,}071 - 0{,}961 = \underline{\underline{1{,}11}},$$

$$\omega_{12;2} = 2{,}071 - 0{,}650 = \underline{\underline{1{,}42}},$$

usw. Diese Werte ω sind auch in den entsprechenden Feldern angeschrieben. Die Werte x werden nach den Formeln

$$x_{ik} = x_{i-1,k} - y_{i-1,k} \operatorname{ctg}\left(\varphi_{i-1,k} - \frac{\pi}{4}\right)$$

bestimmt. Um die Rechnung nach diesen Formeln durchzuführen, muß man die Werte x, y, φ, ω in den Punkten links von den Diagonalfeldern (10; 0), (11; 1), . . . kennen. Diese Werte werden durch Ausfüllen der Schablonenfelder, die den inneren Punkten des Gebietes II in Abb. 90 entsprechen, nach den Formeln

$$x_{ik} = \frac{y_{i-1,k} - y_{i,k-1} + x_{i,k-1} \operatorname{tg}\left(\varphi_{i,k-1} + \frac{\pi}{4}\right) - x_{i-1,k} \operatorname{tg}\left(\varphi_{i-1,k} - \frac{\pi}{4}\right)}{\operatorname{tg}\left(\varphi_{i,k-1} + \frac{\pi}{4}\right) - \operatorname{tg}\left(\varphi_{i-1,k} - \frac{\pi}{4}\right)},$$

$$y_{ik} = y_{i-1,k} + (x_{ik} - x_{i-1,k}) \operatorname{tg}\left(\varphi_{i-1,k} - \frac{\pi}{4}\right)$$

erhalten. Die Werte φ_{ik} und ω_{ik} können von vornherein nach den Formeln (54) berechnet werden. So werden die Schablonenfelder ausgefüllt, die den Gebieten II

i \ k	0	1	2	3	4	5	6
0							
1							
2							
3							
4							0,50 0,358 0,69 0,29
5						0,50 0,273 0,58 0,33	0,54 0,315 0,65 0,37
6					0,50 0,205 0,46 0,36	0,53 0,238 0,54 0,40	0,58 0,282 0,61 0,45

Abb. 91

i \ k	7	8	9	10	11	12	13	14
0				0,50 1,571 1,00 0,00				
1			0,50 0,961 0,96 0,11	0,80 1,268 1,04 0,08	1,11 1,571 1,15 0,00			
2		0,50 6,050 0,89 0,19	0,64 0,808 0,97 0,19	0,96 1,110 1,09 0,17	1,26 1,413 1,23 0,10	1,42 1,571 1,34 0,00		
3	0,50 0,423 0,79 0,25	0,59 0,561 0,87 0,26	0,75 0,719 0,97 0,28	1,05 1,022 1,12 0,27	1,35 1,325 1,30 0,19	1,51 1,482 1,43 0,10	1,60 1,571 1,54 0,00	
4	0,56 0,415 0,76 0,32	0,65 0,504 0,85 0,35	0,80 0,642 0,96 0,37	1,11 0,964 1,14 0,37	1,41 1,267 1,35 0,29	1,57 1,425 1,51 0,19	1,66 1,513 1,63 0,10	1,71 1,571 1,75 0,00
5	0,60 0,373 0,73 0,41	0,69 0,461 0,82 0,45	0,85 0,619 0,94 0,48	0,15 0,923 1,16 0,48	1,45 1,225 1,41 0,41	1,61 1,382 1,59 0,30	1,70 1,471 1,71 0,21	
6	0,63 0,339 0,69 0,49	0,72 0,421 0,79 0,53	0,88 0,581 0,93 0,57	0,18 0,888 1,17 0,58				

Abb. 91 (Fortsetzung)

i \ k	0	1	2	3	4	5	6
7				0,50 0,148 0,35 0,36	0,53 0,177 0,42 0,43	0,56 0,210 0,49 0,47	0,60 0,253 0,57 0,52
8			0,50 0,098 0,24 0,39	0,53 0,123 0,30 0,44	0,55 0,151 0,27 0,50	0,59 0,185 0,44 0,55	0,63 0,228 0,52 0,60
9		0,50 0,050 0,12 0,40	0,52 0,074 0,19 0,46	0,55 0,099 0,25 0,51	0,58 0,127 0,32 0,57	0,61 0,161 0,39 0,62	0,65 0,204 0,47 0,67
10	0,50 0,000 0,00 0,40	0,52 0,025 0,06 0,46	0,55 0,049 0,13 0,52	0,57 0,074 0,19 0,58	0,60 0,103 0,26 0,64	0,64 0,136 0,34 0,69	0,68 0,179 0,42 0,75
11		0,55 0,000 0,00 0,53	0,57 0,024 0,06 0,59	0,60 0,055 0,12 0,65			
12			0,60 0,000 0,00 0,66				

Abb. 91 (Fortsetzung)

i \ k	7	8	9	10	11	12	13	14
7	0,66 0,311 0,65 0,57	0,75 0,399 0,75 0,61	0,91 0,557 0,90 0,66					
8	0,69 0,285 0,60 0,65	0,78 0,374 0,72 0,70						
9	0,71 0,261 0,56 0,73							
10								
11								
12								

Abb. 91 (Schluß)

und III der Abb. 92 entsprechen. Um die übrigen Felder auszufüllen, muß man die Randwerte in den Punkten (0; 10), (1; 11), (2; 12), . . . vorgeben, die der y-Achse entsprechen (Abb. 92).

Offensichtlich ist in diesen Punkten

$$x = 0, \qquad \varphi = 0.$$

Die Werte ω werden aus den Gleichungen

$$2\omega = \xi + \eta,$$
$$2\varphi = \xi - \eta$$

für $\varphi = 0$ gefunden. Dies ergibt $\omega = \xi$.

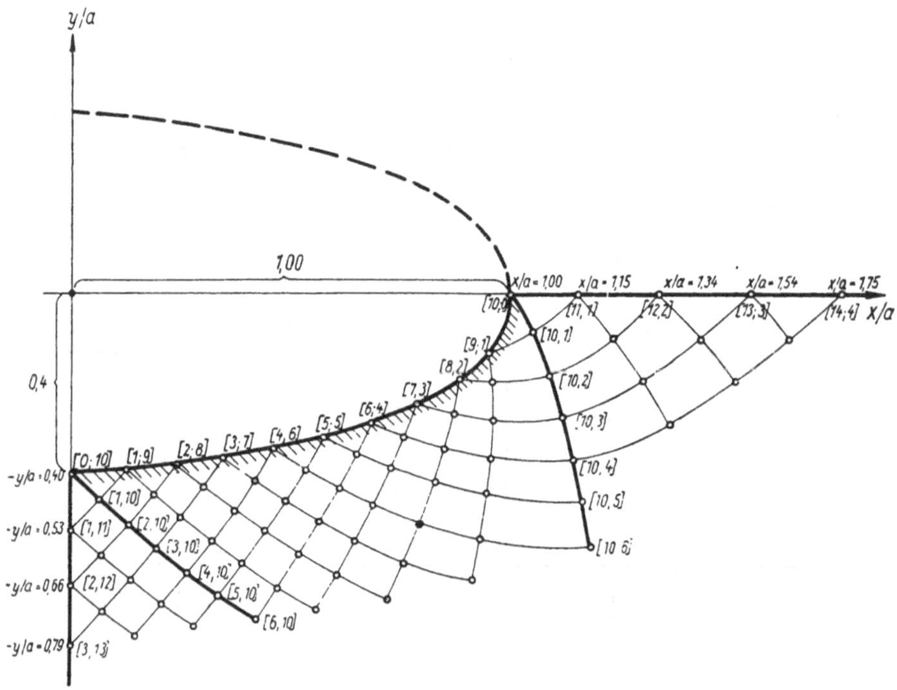

Abb. 92

Da ξ auf den Vertikalreihen konstant ist und in den Diagonalfeldern (0: 10), (1; 9), . . . durch die Formel (55) gegeben ist, so haben wir

$$\omega_{11;1} = 0{,}50 + 0{,}05 = \underline{0{,}55},$$
$$\omega_{12;2} = 0{,}50 + 0{,}098 = \underline{0{,}60},$$

usw. Die Werte y werden nach den Formeln

$$y_{ik} = y_{i,k-1} - x_{i,k-1} \operatorname{tg}\left(\varphi_{i,k-1} + \frac{\pi}{4}\right)$$

gefunden.

VERZEICHNIS DER BEISPIELE

LAPLACEsche und POISSONsche Gleichung

Biharmonische Gleichung

Wärmeleitungsgleichung

Wellengleichung

Hyperbolische Systeme

LITERATURVERZEICHNIS

1. A. F. GAWRILOW — А. Ф. Гаврилов

   Приближенное численное интегрирование телеграфного уравнения, Известия Военно-электротехнической академии РККА.

   (Angenäherte numerische Integration der Telegrafengleichung, Istwestija Wojenno-elektrotechn. akademii RKKA), Bd. X, S. 3—17, 1934.

2. A. F. GAWRILOW — А. Ф. Гаврилов

   Приближенное численное интегрирование телеграфного уравнения, дла составной линии, Известия Военно-электротехнической академии РККА.

   (Angenäherte numerische Integration der Telegrafengleichung nichthomogener Leitungen, Istwestija Wojenno-elektrotechn. akademii RKKA), Bd. IX, S. 115—127, 1935.

3. S. A. GERSCHGORIN — С. А. Гершгорин

   О приближенном интегрировании уравнений Лапласф и Пуассона, Известия Ленинградского политехнического института.

   (Über die angenäherte Integration der Gleichungen von Laplace und Poisson, Istwestija Leningradsk. politechn. instituta), Bd. XXX, 1927.

4. S. A. GERSCHGORIN — С. А. Гершгорин

   Об электрических сетках дла приближенного решенмя лифференциального уравнения Лапласа, Журн. прикладной Физики.

   (Über elektrische Netze zur angenäherten Lösung der Laplaceschen Differentialgleichung. Journ. prikladn. Fisiki), Bd. IV, H. 3—4, S. 3—29, 1929.

5. S. A. GERSCHGORIN

   Fehlerabschätzung für das Differenzverfahren zur Lösung partieller Differentialgleichungen, Zeitschrift für angewandte Mathematik und Mechanik, Bd. 10, S. 373—382, 1930.

6. DOUGLAS

   A method of numerical solution of the problem of Plateau, Annals of Mathematics, vol. 29, pp. 180—188, 1929.

7. L. W. KANTOROWITSCH u. W. I. KRYLOW — Л. В. Канторович и В. И. Крылов

   Методы приближенного решения дифференциальных уравнений в частных производных, ОНТИ.

   (Methoden der angenäherten Lösung partieller Differentialgleichungen, ONTI), 1939. Deutsche Übersetzung erscheint demnächst unter dem Titel: Kantorowitsch-Krylow, Näherungsmethoden der höheren Analysis, Hochschulbücher für Mathematik, Deutscher Verlag der Wissenschaften, Berlin.

8. L. Collatz

Bemerkungen zur Fehlerabschätzung für das Differenzenverfahren bei partiellen Differentialgleichungen, Zeitschrift für angewandte Mathematik und Mechanik, Bd. 13, S. 56—57, 1933.

9. R. Courant

Über Randwertaufgaben bei partiellen Differentialgleichungen, Zeitschrift für angewandte Mathematik und Mechanik, Bd. 6, S. 322—325, 1926.

10. R. Courant, K. Friedrichs, H. Lewy

Über die partiellen Differenzengleichungen der mathematischen Physik, Mathematische Annalen, Bd. 100, S. 32—74.
Russische Übersetzung in: Успехи математических наук.

11. H. Liebmann

Die angenäherte Ermittlung harmonischer Funktionen und konformer Abbildungen, Sitzungsberichte der Bayerischen Akademie der Wissenschaften, Math.-Phys. Klasse, S. 385—416, 1918.

12. L. Lusternik

Über einige Anwendungen der direkten Methoden der Variationsrechnung.
Математический сборник, т. XXIII, стр. 173—201, 1926.
Russische Übersetzung in: Успехи математических наук.

13. H. Marcus

Die Theorie elastischer Gewebe und ihre Anwendung auf die Berechnung biegsamer Platten. 2. Aufl., Springer, Berlin 1932, 368 S. Russische Übersetzung v. Weinberg, D. W., u. Jampolski, L. S., ДНТВУ, 1936.

14. Sch. E. Mikeladse — Ш. Е. Микеладзе

О численном интегрировании дифференциальных уравнений с частными производными, Известия Академии Наук СССР по Отд. естеств. и математ. наук.

(Über die numerische Integration partieller Differentialgleichungen, Istwestija akademii Nauk SSSR po Otd. jestestw. i matemat. Nauk), Nr. 6, S. 819, 1934.

15. Sch. E. Mikeladse — Ш. Е. Микеладзе

Численные методы интегрирования дифференциальных уравнений в уравненний в частных производных, диссертация.

(Numerische Methoden der Integration partieller Differentialgleichungen, Dissertation), 1936.

16. J. Orr

Several cases of non-circular torsion solved by analysis and direkt test, Reports and Memorands of the Royal Aeronautical Research Committee, No. 1393, 1930.

17. D. Panow

Über die angenäherte numerische Lösung des Problems der Wärmeleitung, Zeitschrift für angewandte Mathematik und Mechanik, Bd. 12 (1932) S. 185—188.

18. D. J. Panow — Д. Ю. Панов

О приближенном численноп решении уравненния $\Delta u = a^2 \frac{\partial u}{\partial t}$ Математический оборник.

(Über die angenäherte numerische Lösung der Gleichung $\Delta u = a^2 \frac{\partial u}{\partial t}$, Mathemat. sbornik), Bd. 40, S. 373—393, 1933.

19. D. J. Panow — Д. Ю. Панов
Приближенное графическое решение краевых задач уравнения Лапласа, Труды ЦАГИ.
(Angenäherte grafische Lösung von Randwertaufgaben partieller Differentialgleichungen vom elliptischen Typ, Uspechi Matem. nauk), Bd. IV, S. 23—33, 1934.

20. D. J. Panow — Д. Ю. Панов
Численное решение краевых задач дифференциальных уравнений в частных производных.
(Numerische Lösung von Randwertaufgaben partieller Differentialgleichungen.) Ergänzungen zu der russischen Übersetzung des Buches von Скарборо, 1934. (Z. B. Scarborough, Numerical mathematical analysis. John Hopkins Press, Baltimore 1930.)

21. D. J. Panow — Д. Ю. Панов
Численное решение краевых задач дифференциальных уравнений в частных производных эллиптического типа, Успехи математических наук.
(Numerische Lösung von Randwertaufgaben partieller Differentialgleichungen vom elliptischen Typ, Uspechi Matem. nauk), Bd. IV, S. 23—33, 1937.

22. L. F. Richardson
The Approximate Arithmetical Solution by Finite Differences of Physical Problems involving Differential Equations with an Application to the Stresses in a Masonry Dam, Philosophical Transactions of the Royal Society of London, ser. A, vol 210, pp. 307 bis 357, 1911.

23. C. Runge
Über eine Methode, die partielle Differentialgleichung $\Delta u =$ const numerisch zu integrieren, Zeitschrift für Mathematik und Physik, Bd. 56, S. 225—232, 1908.

24. H. Hencky
Die numerische Bearbeitung von partiellen Differentialgleichungen in der Technik, Zeitschrift für angewandte Mathematik und Mechanik, Bd. 2, S. 58—66, 1922.

25. F. Wolf
Über die angenäherte numerische Berechnung harmonischer und biharmonischer Funktionen, Zeitschrift für angewandte Mathematik und Mechanik, Bd. 6, 118—150, 1926.

26. A. Thom
An investigation of fluid flow in two dimensions, Reporta and Memoranda of the Royal Aeronautical Research Committee, No. 1194, 1928.

27. F. A. Willers
Methoden der praktischen Analysis, de Gruyter, Berlin 1928.

28. Tables of Lagrangian Interpolation Coefficiente prepared by the Mathematical Tables Project., Columbia University Press N. Y., 1944 (XXXV = 392).

29. Sch. K. Mikeladse — Ш. К. Микеладзе
О численном интегрировании уравнений эллиптического параболического типа, Известия АН СССР, серия математическая.
(Über die numerische Integration der Gleichungen vom elliptischen und parabolischen Typ, Iswestija AN SSSR, serija matemat), Bd. V, Nr. 1, S. 57—73, 1941.

30. P. P. Juschkow — П. П. Юшков

О применении треугольных сеток для численного решения уравнения теплопроводности, Прикладная математика и механика.

(Über die Anwendung von Dreiecknetzen zur numerischen Lösung der Wärmeleitungsgleichung, Prikladnaja matematika i mechanika), Bd. XII, H. 2, S. 223—226, 1948.

31. R. Courant und D. Hilbert

Methoden der mathematischen Physik, Bd. 2, Springer, Berlin 1937, Russ. Übers. unter dem Titel:

Р. Курант и Д. Гильберт, Методы математической Физики.

32. S. A. Christianowitsch — С. А. Христианович

О сверхвуковых течениях газа, труды ЦАГИ.

(Über Überschallströmungen von Gasen, Trudy ZAGI), Nr. 543, 1941.

33. S. A. Christianowitsch — С. А. Христианович

Неустановившееся движение в каналах и реках. Некоторые вопросы механики сплошной среды, Изл. АН СССР.

(Nichtstationäre Bewegungen in Kanälen und Flüssen. Einige Fragen der Mechanik der Kontinua. Verlag AN SSSR), 1938.

34. Massau

Mémoire sur l'integration graphique des équations aux dérivées partielles, Gand, 1900—1903.

35. W. W. Sokolowski — В. В. Соколовский

Статика сыпучей среды, Изд. АН СССР.

(Statik inkohärenter Medien, Verlag AN SSSR), 1942.

36. W. W. Sokolowski — В. В. Соколовский

Теория пластичности, Изд. АН СССР.

(Theorie der Plastizität, Verlag AN SSSR), 1945.

37. S. L. Sobolew — С. Л. Соболев

Уравнения математической Физики, Гостехиздат.

(Gleichungen der mathematischen Physik, Gostechisdat,) 1947.

38. L. A. Lusternik — Л. А. Люстерник

Замечания к численному решению краевых задач уравнения Дапласа и вычислению собственных значений методом сеток. Труды Математического института им. В. А. Стеклова.

(Bemerkungen zur numerischen Lösung von Randwertaufgaben der Laplaceschen Gleichung und zur Errechnung von Eigenwerten mit Hilfe der Differenzenmethode. Trudy matem. Inst. im. W. A. Steklowa), Bd. XX, S. 49—64, 1947.

FSC
www.fsc.org
MIX
Papier | Fördert gute Waldnutzung
FSC® C083411

Zeitfracht Medien GmbH
Ferdinand-Jühlke-Straße 7
99095 Erfurt, Deutschland
produktsicherheit@kolibri360.de